博碩文化

博碩文化

博碩文化

博碩文化

自己動手做虛擬機器

解析程式語言的設計與實現

2020
iT邦幫忙
鐵人賽
優選
iThome

逐步打造語言虛擬機器，深入了解程式語言的運作原理

◆ 每項功能都有完整實作，可更容易了解語言虛擬機器的實現方式

◆ 搭配撰寫測試驗證程式，可在學習實作之外，也學習到軟體測試的技巧

◆ 詳細分析 mruby 虛擬機器的基本原理，並透過簡化的方式引導學習語言虛擬機器

Ruby 語言之父 松本行弘 強力推薦

蒼時弦也（邱政憲）—— 著

自己動手做虛擬機器

解析程式語言的設計與實現

作　　者：蒼時弦也（邱政憲）
責任編輯：曾婉玲

董 事 長：陳來勝
總 編 輯：陳錦輝

出　　版：博碩文化股份有限公司
地　　址：221 新北市汐止區新台五路一段 112 號 10 樓 A 棟
　　　　　電話 (02) 2696-2869　傳真 (02) 2696-2867
發　　行：博碩文化股份有限公司
郵撥帳號：17484299　戶名：博碩文化股份有限公司
博碩網站：http://www.drmaster.com.tw
讀者服務信箱：dr26962869@gmail.com
訂購服務專線：(02) 2696-2869 分機 238、519
（週一至週五 09:30～12:00；13:30～17:00）

版　　次：2022 年 4 月初版

建議零售價：新台幣 620 元
Ｉ Ｓ Ｂ Ｎ：978-626-333-064-1（平裝）
律師顧問：鳴權法律事務所 陳曉鳴 律師

本書如有破損或裝訂錯誤，請寄回本公司更換

國家圖書館出版品預行編目資料

自己動手做虛擬機器：解析程式語言的設計與實現 / 蒼
時弦也著 . -- 初版 . -- 新北市：博碩文化股份有限公司，
2022.04
　面；　公分

ISBN 978-626-333-064-1(平裝)

1.CST: 電腦程式語言 2.CST: 電腦程式設計

312.3　　　　　　　　　　　　　　111003865

Printed in Taiwan

博 碩 粉 絲 團

歡迎團體訂購，另有優惠，請洽服務專線
(02) 2696-2869 分機 238、519

商標聲明

本書中所引用之商標、產品名稱分屬各公司所有，本書引用
純屬介紹之用，並無任何侵害之意。

有限擔保責任聲明

雖然作者與出版社已全力編輯與製作本書，唯不擔保本書及
其所附媒體無任何瑕疵；亦不為使用本書而引起之衍生利益
損失或意外損毀之損失擔保責任。即使本公司先前已被告知
前述損毀之發生。本公司依本書所負之責任，僅限於台端對
本書所付之實際價款。

著作權聲明

本書繁體中文版權為博碩文化股份有限公司所有，並受國際
著作權法保護，未經授權任意拷貝、引用、翻印，均屬違法。

推薦序

〈中文版〉

開發者熱愛程式語言，大部分的開發者都有自己最愛的語言，並且喜愛去討論自己喜歡的語言和其他語言比起來好在哪裡，而這也反映在程式語言一直都是網路上的熱門話題。

但對大部分的開發者來說，程式語言是被給予的，喜歡的程式語言是從既存的語言裡面選出來的。理論上來說，雖然不是不可能，但自己創造程式語言的開發者幾乎不存在，我覺得這部分好像有心理上的障礙一樣，會假設創造程式語言和身為一個普通的開發者的自己是無緣的事情。

我自己是從 15 歲的時候開始寫程式，最一開始的語言是 BASIC，但在當時的貧弱電腦上編寫 BASIC 有非常多的限制，讓人感到沮喪。那時還是高中生的我有了偉大的發現，那就是「世上有很多優於 BASIC 的程式語言」和「那些程式語言是由人所設計的」，在發現這點之後，創造自己的程式語言就變成我的夢想了，這時的我還是個新手，很幸運還沒有心理障礙。

不過，現實上的我還不具備創造程式語言的知識和技術，於是我在大學攻讀計算機科學，畢業以後從事程式設計師工作來累積經驗，從我開始夢想到真正開始創造 Ruby 語言，經歷了十年之久。

這本書透過虛擬機器（Virtual Machine）來教導創造自己的程式語言所需要的知識，如果我在高中生的時候有這本書的話，我的夢想或許可以更早實現，可以閱讀這本書的大家實在是很幸運。

創造自己的程式語言絕不是不可能的夢想，希望這本書可以打破大家的假設，幫助你學習新的東西。

Ruby 語言之父 *Matz*（松本行弘）

〈英文版〉

Developers love programming languages. Most developers have their own favorite language and love to discuss how good their language is compared to others. Reflecting that, programming languages are also a hot topic on the Internet.

But for most developers, a programming language is given, and your favorite programming language is probably an existing one. Few developers are willing to write their own language, if not impossible in theory. I feel that there is a psychological barrier here. I feel the belief that creating a language has nothing to do with me as an ordinary developer.

I myself started programming when I was 15 years old. The first programming language was BASIC. However, BASIC programming on poor computers at the time was very limited and frustrating. At that time, as a high school student at the time, I made a great discovery. That is, "there are many programming languages that are superior to BASIC in the world" and "these programming languages are designed by humans." Immediately after this discovery, it became my dream to create my own programming language. At that time I was still a beginner and I was lucky that I didn't have any psychological barriers.

However, in reality, I did not reach the point of creating a programming language without knowledge and skills. It was 10 years after I started dreaming that I entered university, majored in computer science, gained experience as a programmer after graduating, and actually started making languages. It became Ruby.

This book will teach you the knowledge to use Virtual Machine to create your own programming language. If I had this book when I was in high school, my dream language would have come true sooner. Everyone who can read this book is lucky.

Creating a programming language is by no means an impossible dream. I hope this book breaks your beliefs and gives you new learning.

Matz

〈日文版〉

　開発者はプログラミング言語が大好きです。ほとんどの開発者は自分なりのお気に入りの言語を持っていますし、自分の言語が他のものと比べてどれだけ優れているのか議論するのも大好きです。それを反映して、プログラミング言語はインターネットでもホットなトピックです。

　しかし、ほとんどの開発者にとって、プログラミング言語は与えられるものであって、お気に入りのプログラミング言語は、既存のものから選ぶものでしょう。理論的には不可能ではないにしても、自分で言語を作ろうという開発者はほとんどいません。ここに心理的障壁があるような気がします。言語を作るのは、普通の開発者である自分には無縁のことであるという思い込みを感じます。

　私自身は、１５歳の時にプログラミングを始めました。最初のプログラミング言語はBASIC でした。しかし、当時の貧弱なコンピューター上の BASIC プログラミングは非常に制限されたもので、フラストレーションがたまりました。その時に、当時高校生だった私は偉大な発見をしたのです。それは、「世の中には BASIC よりも優れたプログラミング言語がたくさん存在すること」と「それらのプログラミング言語は人間がデザインしたものである」ことです。この発見の直後、自分のプログラミング言語を作ることが私の夢になりました。そのときには私はまだ初心者で、心理的障壁を持っていなかったことがラッキーでした。

　しかし、実際には知識やスキルがなくてプログラミング言語を作るところまでは到達しませんでした。大学に入学してコンピューターサイエンスを専攻し、卒業してからプログラマーとして経験を積み、実際に言語を作ることに取り掛かったのは、夢を見始めてから１０年後でした。それが Ruby になったのです。

　本書は、Virtual Machine を利用して自分のプログラミング言語を作るための知識を教えてくれます。もし、私が高校生の時にこの本があったら、私の夢の言語はもっと早く実現したことでしょう。この本を読むことができる皆さんはラッキーです。

　プログラミング言語を作ることは、決して不可能な夢ではありません。この本が皆さんの思い込みを打ち破り、新しい学びを与えてくれることを願います。

Matz（松本行弘）

序言

作為工程師該具備怎樣的能力，這很難用簡單的幾句話去說明，因為這個領域不斷發展，也不斷變複雜，大多數時候很難用一個簡單的方式去劃分一個工程師的能力，尤其在不同領域中需要的能力差異極大，光是要相互比較是很難的。

然而，筆者一直相信若要成為一個優秀的工程師，需要有高度的熱情或天份，對新事物不排斥也不害怕探索。而在寫這系列文章之前，筆者實際上沒有讀過相關教科書或者上過完整的課程，都是靠著閱讀原始碼和過去撰寫程式的經驗來慢慢摸索，即使到現在，筆者也還不具備完整設計一個程式語言的知識，但這不會影響我們停止探索，透過將語言設計的機制拆分，並階段性去實作，就能像拼拼圖一般，逐步完成一個複雜的專案。在軟體開發中，一直以來都不會是一次就完成的，而是需要慢慢累積而成。

我會決定寫這本書，不單純因為是一個全新挑戰。在過去，對硬體上運作的韌體（Firmware）更新，大多是不容易的，因為我們很難確保一般使用者在韌體的更新後不會受到影響，但在這幾年物聯網（Internet of Things）逐漸成熟，我們有更多選項可以更新這些硬體，同時也提高了風險。

假設我們有一個折衷的方案，可以透過一些機制更新一小部分的邏輯，同時不需要完整替換掉整個韌體，是否就可以降低韌體更新的成本以及提高穩定度呢？本書選擇的 mruby 是 Ruby 針對物聯網應用所設計的，在日本的知名酒廠旭酒造（獺祭清酒）也使用了 mruby 來監控釀酒的環境，透過實作 mruby 虛擬機器的方式，讓我們一起來思考為什麼這些公司會想嘗試用這種方式來維護硬體上執行的韌體。

蒼時弦也（邱政憲）謹識

目錄

01 基礎知識 001
CHAPTER

1.1 虛擬機器 002

1.2 C 語言概念 003

　1.2.1 開發環境 003

　1.2.2 輸出訊息 016

　1.2.3 邏輯判斷 018

　1.2.4 迴圈 018

　1.2.5 指標 019

1.3 mruby 入門 021

　1.3.1 開發環境 021

　1.3.2 基本語法 033

1.4 微控制器 034

02 閱讀原始碼的技巧 035
CHAPTER

2.1 Octotree 擴充套件 036

2.2 Sourcegraph 擴充套件 036

2.3 熟悉語言 037

03 CHAPTER 從 mruby-L1VM 開始 039

3.1 從範例開始 040

3.2 虛擬機器初始化 042

3.3 啟動虛擬機器 043

3.4 處理 IREP 045

3.5 處理 OPCode 049

3.6 虛擬機器的概念 051

04 CHAPTER 小試身手 053

05 CHAPTER 建立專案 061

5.1 專案設定 062

5.2 關於測試 063

5.3 讀取 IREP 資訊 064

06 CHAPTER 處理 OPCode 073

6.1 ISEQ 前置處理 074

6.2 讀取 OPCode 076

6.3 定義 OPCode 079

6.4 處理 OPCode 081

07 數學運算 089
CHAPTER

08 邏輯判斷 099
CHAPTER

09 變數 105
CHAPTER

9.1 資料封裝 106

9.2 整數變數 107

9.3 布林值變數 111

10 字串讀取 115
CHAPTER

10.1 資料讀取 116

10.2 顯示文字 122

11 在 ESP8266 開發板上測試 129
CHAPTER

11.1 撰寫主程式 130

11.2 執行虛擬機器 132

11.3 調整專案架構 135

11.4 整理檔案 137

12 定義方法 143
CHAPTER

12.1 klib 144

12.2　定義 Hash 146

12.3　方法查詢 151

12.4　在電腦測試 152

12.5　虛擬機器狀態 156

12.6　修復測試 160

13 CHAPTER 　**方法參數** **163**

13.1　暫存資料管理 164

13.2　呼叫資訊 166

14 CHAPTER 　**迴圈機制** **169**

14.1　分析 OPCode 170

14.2　實作迴圈 172

14.3　效能分析 174

14.4　完善功能 175

14.5　加入測試 177

15 CHAPTER 　**Block 機制** **181**

15.1　Proc 是什麼 182

15.2　製作 Block 183

15.3　跳出 Block 189

15.4　存取變數 202

15.5　加入測試 208

16 實作類別 213
CHAPTER

16.1　RObject 和 RClass 218

16.2　定義 RClass 220

16.3　自訂類別 223

16.4　更新虛擬機器 228

16.5　實作繼承 233

16.6　加入測試 237

17 實作物件 241
CHAPTER

17.1　定義 RObject 242

17.2　產生物件 243

17.3　加入測試 250

18 實例變數 255
CHAPTER

18.1　實例處理 256

18.2　實作物件 257

18.3　初始化數值 261

18.4　加入測試 264

19 CHAPTER 垃圾回收 269

19.1 辨識資料 270

19.2 減少動態配置（Allocate）................................. 271

19.3 使用 tgc 函式庫 274

19.4 加入 tgc 函式庫 275

19.5 套用 tgc 函式庫 276

19.6 更新測試 286

20 CHAPTER 整合 Arduino 291

20.1 失效的垃圾回收 293

20.2 避免 Watch Dog Timer 觸發 294

20.3 重構減少重複 297

20.4 自動編譯 mrb 二進位檔案 302

21 CHAPTER 繪製文字 305

21.1 安裝函式庫 306

21.2 加入螢幕類別 307

21.3 跑馬燈效果 311

CHAPTER

基礎知識

1.1 虛擬機器

1.2 C 語言概念

1.3 mruby 入門

1.4 微控制器

　　實現一個屬於自己的程式語言有非常多的方式，理論上也可以使用各種語言來實現，而本書的目的並不是在完全依靠自己實現一個程式語言，而是透過實現虛擬機器來理解 Ruby 語言及類似語言的設計概念。

　　這次我們挑戰的是在微控制器（Microcontroller）上面執行，也因此使用 C 語言會比較容易將程式碼轉換後到上面去執行。

1.1　虛擬機器

　　大多數人對於虛擬機器的印象，可能是在 macOS 上面模擬 Windows 環境的應用，對程式語言的虛擬機器來說，也是相同的概念。

　　我們可以將程式語言粗略分為「編譯式」和「直譯式」兩個大分類，前者會需要先經過「編譯」的處理，轉換為對應的硬體所能夠執行的機器碼，也因此作業系統、硬體的改變就可能會造成無法使用。

　　如果有接觸過這類編譯語言，就會看到像是針對 CPU 架構需要選擇 x86 或者 arm 之類的設定，或者是提供給 Windows 或 macOS 等差異，雖然需要對不同的硬體、作業系統個別製作可以執行的檔案，但因為已經轉換成硬體可以直接使用的格式，因此在執行時能夠馬上被使用，像是 C、C++[*1]、Rust 和 Golang 這類語言，就屬於這種類型。

　　直譯語言與編譯語言的差別在於，通常是在執行時才會進行編譯的動作，轉換成可以執行的指令，而這些指令是針對語言的「虛擬機器」設計的，也因此同一份程式碼即使轉換到不同的硬體、作業系統，還是可以不受限制而直接被執行。

[*1]　C/C++ 也有可以採用直譯方式執行的作法：(URL) https://en.wikipedia.org/wiki/CINT。

這是因為語言的虛擬機器已先針對硬體、作業系統編譯過，我們則是透過虛擬機器模擬的硬體環境來執行這些程式碼。大多數被視為腳本語言的程式語言都屬於這類，像是 Ruby、JavaScript、Python 等。

然而，還是有一些特殊的例外，像是 Java 會轉換成 Java Bytecode，由 Java 虛擬機器解釋，或者透過靜態編譯器轉換為執行裝置的機械碼（如 Android 的 ART）。本書中用於範例的 mruby 也是類似的例子，我們在語言的虛擬機器中並不會直接編譯，而是採用預先編譯為 mruby 虛擬機器可以理解的格式，只保留執行 mruby 專屬的機器碼的能力，來縮小虛擬機器的體積，進而被放到記憶體和儲存空間受限的微控制器中。

1.2　C 語言概念

從 Ruby、JavaScript 或 PHP 這類語言入門的工程師，可能會對學習 C 語言感到恐懼，然而如果我們從幾個不同的面向來看，實際上語言的差異都是「特性」的差別，當我們了解語言的情境、理念之後，轉換語言實際上不會太困難，只是要熟悉一個語言還是需要相應的努力。

1.2.1　開發環境

要能在電腦上進行開發，我們需要 C 語言的開發環境，以下是 Windows 和 macOS 設置開發環境的方法。

macOS

STEP **01** 首先我們打開 PlatformIO（URL https://platformio.org/）的網站，點選「Get PlatformIO Now」的按鈕，會看到如圖 1-1 所示的畫面。

↑圖 1-1

STEP **02** 依照畫面的指示點選「Download」，會轉向到 Visual Studio Code 的網站，
我們點選「Download Mac Universal」進行下載，並且安裝 Visual Studio
Code 來獲取 PlatformIO IDE 的功能，如圖 1-2 所示。

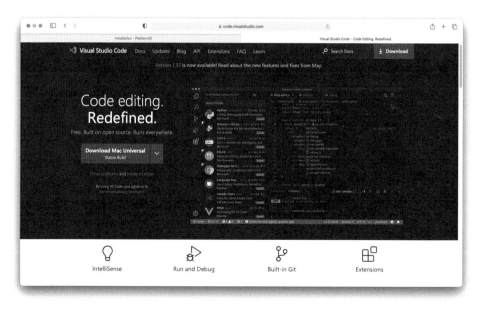

↑圖 1-2

STEP **03** 打開 Visual Studio Code，並選取編輯器左下方的「Extension」來搜尋「platformio」關鍵字，然後點選 PlatformIO IDE 旁邊的「Install」按鈕進行安裝，如圖 1-3 所示。

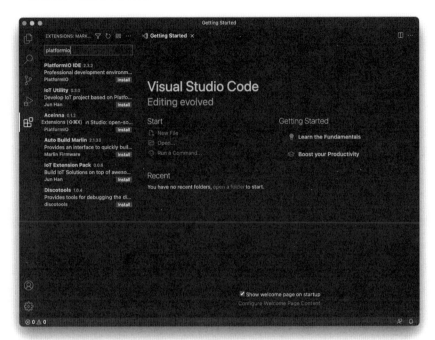

∩圖 1-3

STEP **04** 安裝的過程中，PlatformIO 會自動下載像是 XCode、Python 這類軟體，需要花費一段時間，可以透過右下角的提示訊息來確認進度，如圖 1-4 所示。

∩ 圖 1-4

STEP **05** 在等待的過程中，如果沒有安裝過 XCode 的話，會自動跳出訊息來詢問是
否要安裝 XCode，請選擇「安裝」按鈕，以繼續後續的處理，如圖 1-5 所示。

∩ 圖 1-5

STEP **06** 完成安裝後，Visual Studio Code 會詢問是否重新載入，如圖 1-6 所示。點
選「Reload Now」按鈕來重新載入，就可以看到 PlatformIO 的啟動畫面，
如圖 1-7 所示。

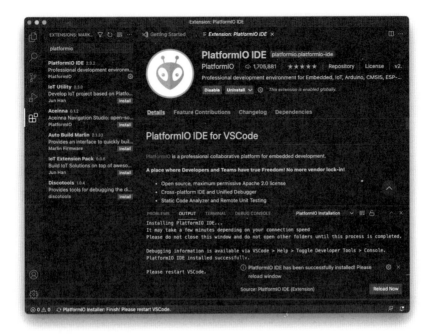

♠圖 1-6

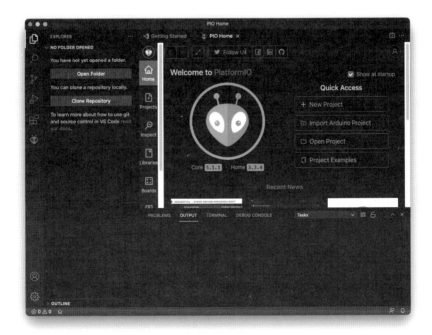

♠圖 1-7

STEP **07** 我們可以點選「New Project」來產生新專案，專案名稱可以隨意輸入，Board 選擇「WeMos D1 mini Pro」，並且把 Framework 設定為「Arduino」後，點選「Finish」按鈕來產生一個新專案，如圖 1-8 所示。

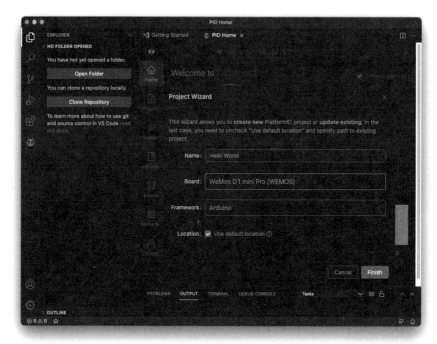

⋒圖 1-8

STEP **08** 完成後，我們會得到一個空白的專案，點選左邊選單的「PlatformIO」圖示，找到 Build 的「Task」，然後點兩下「執行」來驗證是否成功，如圖 1-9 所示。

STEP **09** 如果我們可以順利執行完畢，會看到「SUCCESS」的文字出現在 Visual Studio Code 的 Terminal 視窗，如此我們在 macOS 上完成安裝能撰寫開發板應用的環境，如圖 1-10 所示。

⌒圖 1-9

⌒圖 1-10

◎ Windows

STEP **01** 首先我們打開 PlatformIO（Ⓤ https://platformio.org/）的網站，點選「Get PlatformIO Now」按鈕，會看到如圖 1-11 所示的畫面。

∩ 圖 1-11

STEP **02** 依照畫面的指示點選「Download」，會轉跳到 Visual Studio Code 的網站，我們點選「Download for Windows」進行下載，並且安裝 Visual Studio Code 來獲取 PlatformIO IDE 的功能，如圖 1-12 所示。

STEP **03** 安裝 Visual Studio Code，依照指示將軟體安裝到電腦裡面，如圖 1-13 所示。

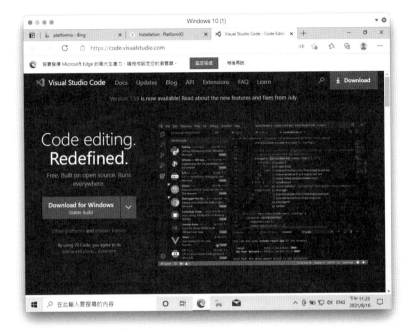

● 圖 1-12

● 圖 1-13

STEP **04** 打開 Visual Studio Code，並選取編輯器左下方的「Extension」來搜尋「platformio」關鍵字，然後點選 PlatformIO IDE 旁邊的「Install」按鈕進行安裝，如圖 1-14 所示。

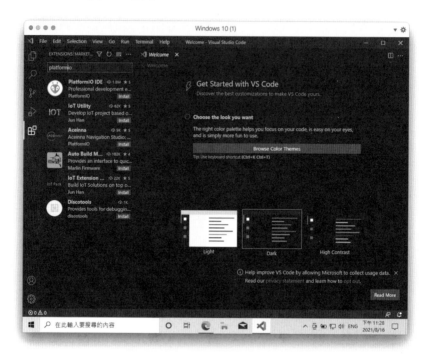

↷ 圖 1-14

STEP **05** 安裝的過程中，PlatformIO 會自動下載像是 Visual Studio、Python 這類軟體，因此會需要花費一段時間，可以透過右下角的提示訊息確認進度，如圖 1-15 所示。

STEP **06** 安裝完畢後，左方選單會多出「PlatformIO」按鈕，如圖 1-16 所示。點選後進入 PlatformIO 的主畫面，開始新增測試安裝的專案，如圖 1-17 所示。

⋒圖 1-15

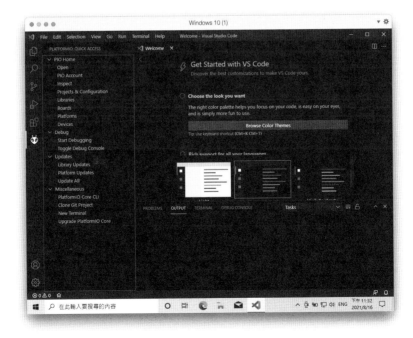

⋒圖 1-16

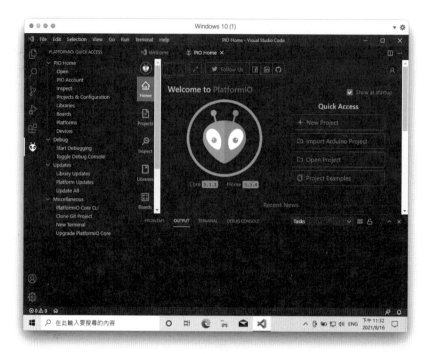

⋒圖 1-17

STEP **07** 我們可以點選「New Project」按鈕來產生新專案，專案名稱可以隨意輸入，Board 選擇「WeMos D1 mini Pro」，並且把 Framework 設定為「Arduino」後，點選「Finish」按鈕來產生一個新專案，如圖 1-18 所示。

STEP **08** 接下來會被詢問是否授權使用這個目錄，點選「Yes」授權後，Visual Studio Code 就可以正常使用目錄中的檔案，如圖 1-19 所示。

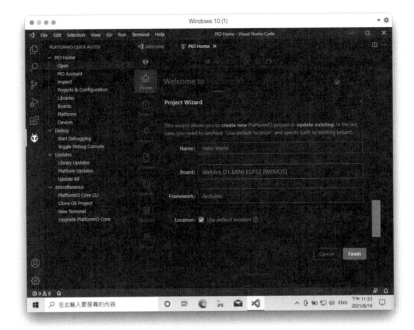

⋒圖 1-18

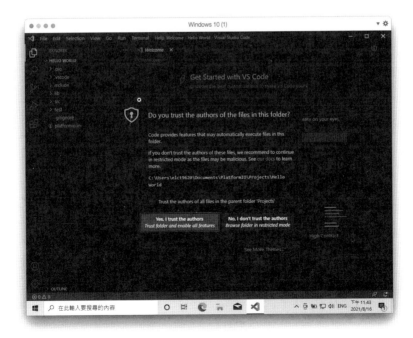

⋒圖 1-19

STEP **09** 點選左方選單的「Build」按鈕，如果順利安裝完畢，會看到「SUCCESS」
的文字出現在 Visual Studio Code 的 Terminal 視窗中，如此我們在 Windows
上完成安裝能撰寫開發板應用的環境，如圖 1-20 所示。

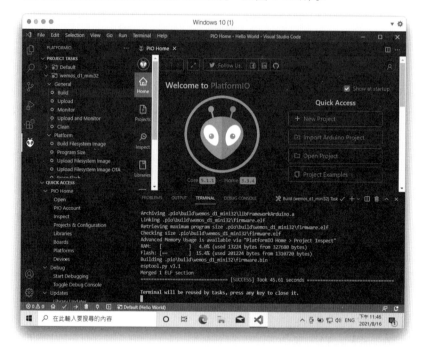

⋒圖 1-20

1.2.2 輸出訊息

和入門大部分的程式語言一樣，我們可以先試著在畫面上印出訊息看看。

```c
// chapter1/example1.c
#include "stdio.h"

int main(int argc, char** argv) {
  printf("Hello World\n");
  return 0;
}
```

在上面的程式碼中，有幾個基本概念需要知道，以透過這些技巧來用 C 語言撰寫程式。

```
#include "stdio.h"
```

基本上，程式語言是無法直接被電腦執行的，因此需要轉換成可以執行的機器碼來處理，但在這個過程中，我們合併多個 C 撰寫的檔案，便無法知道我們定義的函式（像是上述的 main）的位置，因此會使用 .h 這種檔案（Header）來定義一個一個類似目錄的東西，給其他會用到的程式來參考。

這裡我們使用了 C 語言中的特殊語法 #include，來表示要引入 stdio.h 這個規範標準輸入輸出相關定義和函式宣告的標頭檔，當我們引用進來後，就能正常呼叫被定義在 stdio.h 裡面的 printf 函式，因此可以正常呼叫它。

接下來，我們看要如何在 C 語言定義函式，因為程式碼都塞在一起的話，就會變得很難管理，所以我們將程式碼切割成好幾個小的模組，以專注於處理單一的問題，而在 C 語言裡面就是以函式作為基礎單位。

```
int main(int argc, char** argv) {
```

C 語言是一種靜態型別[*2]的語言，會直接設定好記憶體的使用大小，因此我們需要明確表示 main 這個函式會回傳 int（整數）的資料。

在函式定義的括號後面是參數的定義，這裡告訴 C 語言會收到名為「argc」和「argv」的兩個資料，型別分別是 int（整數）和 char**（char* 型態構成的 vector），到目前為止，我們只需要知道這些資訊即可，關於指標則會在後面簡單介紹。

[*2]　需要明確指定資料類型的語言，像是 Ruby 會自行推測資料的類型，在後面的實作中，我們會說明如何不用明確指定。

1.2.3　邏輯判斷

程式語言之所以能夠幫助我們處理各種事物，不外乎就是能夠自動判斷以及重複執行任務。透過這兩個機制的組合，我們就能夠做各式各樣的事情。

```c
// chapter1/example2.c
#include "stdio.h"

int main(int argc, char** argv) {
  int is_valid = 0;
  if(is_valid) {
    printf("It is valid!\n");
  } else {
    printf("It is invalid!\n");
  }

  return 0;
}
```

和第一個範例不同的地方在於，我們使用了 if 語法來進行判斷，在 C 語言中是非零就表示為 True，因此在判斷時我們可以用整數的 0 和 1 來表示 False 和 True。

1.2.4　迴圈

在 C 語言中，我們通常會使用 while 和 for 兩種語法，在設計我們的虛擬機器時大多會使用 while 迴圈，因此很少會使用 for 迴圈來執行特定次數的任務。

```c
// chapter1/example3.c
#include "stdio.h"

int main(int argc, char** argv) {
  int times = 0;
  for(times = 0; times < 10; times++) {
```

```
    printf("Run %d times\n", times);
  }
}
```

使用 while 迴圈也可以達到類似的效果：

```
// chapter1/example4.c
#include "stdio.h"

int main(int argc, char** argv) {
  int times = 0;
  while(times < 10) {
    printf("Run %d times\n", times);
    times++;
  }
}
```

我們可以看到 while 的寫法不太一樣，但都還是有 times < 10 和 times++ 兩個語法，用來表示「停止的條件」與「計數器的調整」兩個處理。

1.2.5　指標

「指標」在 C 語言裡面算是一個很重要的概念，雖然我們平常使用的 Ruby、JavaScript、PHP 等語言並不會有指標的使用，但這些概念大多還是被隱含在這些程式語言對應的執行引擎中，只是不一定會被我們注意到。

指標的概念有點類似於地址，例如：我們想要找到總統府，就會用地址「台北市中正區重慶南路一段 122 號」來尋找這個地點。

在程式裡面，我們會把實際的資料存放在記憶體的某個位置上，而這個記憶體位置會有一個「地址」存在，因此指標就是「地址」及「實體」的轉換應用。

　　那麼在怎樣的情況下會使用到呢？在大多數的情況下，我們呼叫一個函式時，在參數的處理上會用複製的方式把數值傳遞進去，但有些情況下，我們希望共用某個「狀態」，便會改成傳遞指標。在函式中的修改可和函式外同步，這是因為我們使用的是記憶體的位置，在函式中修改的對象反向查詢後跟傳入的會是同一筆資料。

　　我們可以用計數器的例子來看指標的應用：

```c
// chapter1/example5.c
#include "stdio.h"

void increment(int *counter) {
  printf("Before increment: %d\n", *counter);
  *counter += 1;
  printf("After increment: %d\n", *counter);
}

int main(int argc, char** argv) {
  int counter = 0;

  increment(&counter);
  printf("Current value: %d\n", counter);

  return 0;
}
```

　　上面這段程式碼出現了「*」和「&」兩個符號，有時候會不太容易理解，它們並不是「乘以」和「AND」（且）的意思。簡單來說，我們用 int *counter 的時候，是表示 counter 這個變數是一個指標，也因此有人會把「*」與型別寫在一起變成 int* counter 來表示。

　　至於 *counter += 1 的 *（Dereference），是表示把 counter 這個指標「找回原本的位置」，也就是實際儲存 counter 這個 int 數值的記憶體位置。

因為我們要把 counter 的位置傳遞給 increment() 這個函式，所以就會需要用 &counter 來把原本 counter 的記憶體位置讀取出來。

簡單來說，使用 &（Address Of）獲取位置傳遞給其他函式，然後其他函式再用「*」轉換為原本的資料來對其修改，透過這樣的方式，我們就可以不斷地修改到「相同」的資料，進而共享狀態，在後續的實作中，我們會用類似的方式保存名為「mrb_state」的資訊，而這個資訊會負責記錄當下 mruby 執行的狀態。

1.3　mruby 入門

1.3.1　開發環境

要使用 mruby 來開發，需要自己編譯 mruby 來使用，因此我們需要安裝對應的開發工具才能正確使用，有一部分的前提條件已經在安裝 PlatformIO 時安裝完畢，現在我們需要將剩下的部分完成安裝。

◎ macOS

STEP **01** 在 macOS 上安裝 mruby，可以使用 Homebrew 來協助，然而我們需要可以選擇 mruby 版本的安裝選項，因此會使用 rbenv 這個管理工具來協助我們，如圖 1-21 所示。

⋒ 圖 1-21

STEP 02 在 Homebrew 的網站上複製安裝語法，接著打開 macOS 的終端機，將語法貼上，並依照指示完成安裝，如圖 1-22 所示。

⋒ 圖 1-22

STEP 03 安裝完畢後，輸入「brew install rbenv」命令來安裝 rbenv 版本管理工具，如圖 1-23 所示。

∩圖 1-23

STEP **04** 安裝完畢後，輸入「rbenv install mruby-2.1.2」來安裝我們這次使用的
mruby 版本，如圖 1-24 所示。目前 mruby-3.0 已經推出，然而增加了許多
修改，因此我們先使用長期穩定的 mruby-2.1.2 版本作為範例，如果需要查
詢網路資料，也比較容易照著範例或者基於相同版本實作的虛擬機器。

∩圖 1-24

STEP **05** 最後依序輸入「eval "$(rbenv init - zsh)"」命令來啟用 rbenv，並輸入「rbenv shell mruby-2.1.2」來切換版本，最後用「mrbc –v」命令來確認正確執行即可，如圖 1-25 所示。如果有習慣使用的方式，也可以改為使用 rvm 之類的工具安裝。

```
● ● ●                   ⬚ elct9620 — zsh — 80×24
elct9620@macos-12 ~ % eval "$(rbenv init - zsh)"
elct9620@macos-12 ~ % rbenv shell mruby-2.1.2
elct9620@macos-12 ~ % mrbc -v
mruby 2.1.2 (2020-08-06)
mrbc: no program file given
elct9620@macos-12 ~ % vim ~/Desktop/example.rb
elct9620@macos-12 ~ % mrbc -v ~/Desktop/example.rb
mruby 2.1.2 (2020-08-06)
00001 NODE_SCOPE:
00001   NODE_BEGIN:
00001     NODE_FCALL:
00001       NODE_SELF
00001       method='puts' (2710343)
00001       args:
00001         NODE_STR "Hello World" len 11
irep 0x600000bbc140 nregs=4 nlocals=1 pools=1 syms=1 reps=0 iseq=12
file: /Users/elct9620/Desktop/example.rb
    1 000 OP_LOADSELF   R1
    1 002 OP_STRING     R2      L(0)    ; "Hello World"
    1 005 OP_SEND       R1      :puts   1
    1 009 OP_RETURN     R1
    1 011 OP_STOP

elct9620@macos-12 ~ % ▊
```

∩圖 1-25

⬡ Windows

在 Windows 上安裝會相對複雜一點，因為 mruby 預設是在 Unix 類型的環境下使用，因此我們需要比較多手動的處理才能讓安裝正常運作。

STEP **01** 首先，我們打開 Visual Studio 的官網，安裝 Visual Studio Community 版本來獲取編譯 mruby 的必要工具，如圖 1-26 所示。

STEP **02** 安裝會需要等待一些時間，在第一次安裝時會暫時無法選擇需要的元件，因此先等待安裝過程執行完畢，如圖 1-27 所示。

⋂ 圖 1-26

⋂ 圖 1-27

STEP **03** 因為 mruby 需要的檔案在「通用 Windows 平台開發」的元件中，因此我們需要重新打開 Visual Studio Installer 修改安裝，並且加入這個元件，如圖 1-28 所示。

♪ 圖 1-28

STEP **04** 在等待的過程中，我們可以先轉移到 Ruby 官網下載 Ruby，以讓我們可以呼叫 mruby 預先寫好的 Rake 任務腳本（以 Ruby 撰寫的命令自動執行工具），如圖 1-29 所示。

STEP **05** 在 Windows 環境中採用 RubyInstaller 最為容易，因此繼續到 RubyInstaller 官網下載 x64 版本的 Ruby 進行安裝（編譯 mruby 時，使用的 Ruby 版本不受限制），如圖 1-30 所示。

∩ 圖 1-29

∩ 圖 1-30

STEP **06** 安裝時，記得勾選「Add Ruby executables to your PATH」選項，來確保我們後續可以正確呼叫到 Ruby 相關的命令，如圖 1-31 所示。

∩圖 1-31

STEP **07** 最後會跳出 DevKit 的安裝視窗，直接按下 Enter 鍵自動處理不用更改設定，直到安裝完畢，視窗自動關閉，如圖 1-32 所示。

STEP **08** 到 mruby 的 GitHub ^{*3} 下載本書採用的 2.1.2 版本 mruby 原始碼（zip 壓縮檔），並且解壓縮到桌面，如圖 1-33、圖 1-34 所示。

＊3　(URL) https://github.com/mruby/mruby/releases/tag/2.1.2

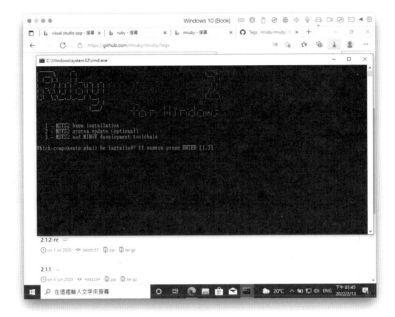

⋂ 圖 1-32

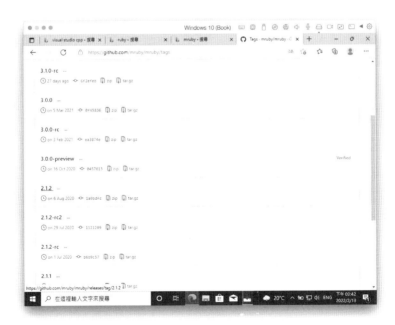

⋂ 圖 1-33

∩圖 1-34

STEP **09** 找到 Vistual Studio 提供的 Command Prompt 工具（任一即可）開啟，並且使用「cd C:\Users\[帳號]\Desktop\mruby-2.1.2」命令切換到 mruby 的目錄（[帳號]要替換為你的 Windows 使用者帳號），並且輸入「rake」命令開始編譯，如圖 1-35 所示。

STEP **10** 編譯完畢後，用 Visual Studio Code 建立一個 example.rb 的檔案，內容為「puts "Hello World"」，並且存檔到桌面，用於確認 mruby 是否編譯正確，如圖 1-36 所示。

⋒圖 1-35

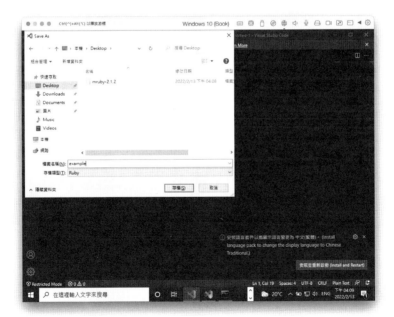

⋒圖 1-36

STEP **11** 我們繼續在剛才的 Coomand Prompt 視窗輸入「.\build\host\bin\mrbc.exe -v C:\Users\[帳號]\Desktop\example.rb」來編譯這個 Ruby 檔案，並且確認是否有正常顯示出 mruby 編譯器的處理資訊，如圖 1-37 所示。

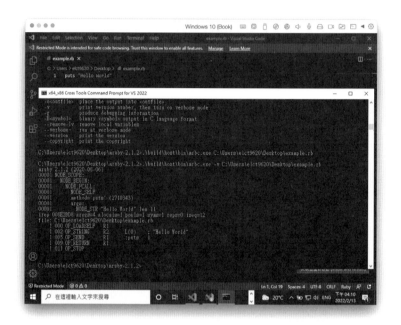

● 圖 1-37

STEP **12** 最後確認桌面有正確產生 mruby 編譯後的 mrb 檔案，如圖 1-38 所示。

● 圖 1-38

1.3.2　基本語法

　　mruby 基本上會跟著最新版本的 Ruby 語法實現，然而為了針對 IoT 類型的應用，仍會有一些限制[*4]存在，但大多不影響我們使用 Ruby 的語法進行開發。

　　大多數程式語言的基本語法是類似的，因此我們可以參考上一小節中介紹的 C 語言基本語法來使用。

　　要輸出訊息，可以使用 puts 方法來呼叫，這和 C 語言標準函式庫提供的 print 函式類似，差異在於會自動的加入「\n」（Newline，換行）符號，以及 Ruby 允許我們省略括號，因此可以寫成下列的語法：

```
puts "Hello World"
```

　　在邏輯判斷的實現也是類似的，我們可以使用 if 語法來進行判斷，同時在大多數狀況下也不需要使用括號。

```
i = 10
if i >= 10
  puts "Hello World"
end
```

　　在 Ruby 中，也不會用大括號來區分語法的區塊，而是用縮排（兩個空白）來判別，因此在撰寫時要注意縮排的位置，雖然 Ruby 的編譯器會嘗試區分，然而在閱讀上有正確的縮排才會更容易讓撰寫者理解。

　　迴圈也是類似的，我們可以用 while 迴圈，然而因為 Ruby 是物件導向為基礎的語言，因此我們更多時候會使用迭代器（Iterator）的方式處理。

```
i = 0
items = []
```

---

*4　(URL) https://github.com/mruby/mruby/blob/2.1.2/doc/limitations.md

```
while i < 10
  i += 1
  puts "Hello World #{i}"
  items.push(i)
end

items.each do |idx|
  puts idx
end
```

在上面的範例中，我們先使用 while 迴圈印出「Hello World」，並將 i 的數值儲存到 items 陣列（Array）之中，然後使用 Ruby 的迭代器實現 Enumerator 的方法 #each，將 i 的數值再次列舉出來。在 Ruby 中所有東西都是物件，因此可以使用「.」（點）去對左方的數值呼叫方法來進行各種操作。

除此之外，在 Ruby 中還有一種特殊的行為叫做「Block」，通常會由 do … end 包覆起來或者是大括號包覆，我們可以想像它是一個沒有名字的方法定義，用來產生一個獨立於主程式的暫時執行區段。

1.4　微控制器

筆者第一次接觸微控制器是在高中的生活科技課，當時老師正在教導該如何用簡單的電路搭配一些簡單的晶片，來製作一台能自動躲避障礙物的玩具車。微控制器也稱為「單晶片」，通常會將儲存、輸入輸出等功能都整合起來，因此和個人電腦內建的微處理器不同的地方在於，我們通常只需要一個晶片搭配上感測器、馬達等設備就能夠獨立運作，而不需要依靠一台電腦來提供各種控制的處理。也因此，我們目前常聽到的 IoT（物聯網，Internet of Things）設備大多都是使用這類晶片來處理，像是本書將會使用的 ESP8622 晶片，就是內建了約 1~2MB 的儲存空間以及 WiFi 功能的晶片，除此之外，還有我們常聽到的 Arduino 都屬於微控制器的一種。

02.

CHAPTER

閱讀原始碼的技巧

2.1 Octotree 擴充套件

2.2 Sourcegraph 擴充套件

2.3 熟悉語言

因為我們沒有完整的虛擬機器實作經驗，在過程中難免會需要參考 mruby、mruby-L1VM 或其他語言的原始碼作為參考，本章會介紹一些簡單的小技巧，來幫助大家在閱讀原始碼時能更加容易。

2.1　Octotree 擴充套件

這是筆者自己最常使用的 Chrome 套件，它可以在 GitHub 的畫面上增加一個樹狀目錄，讓我們能夠快速翻閱原始碼，而不需要在網頁上來回點擊，而在了解一個專案時，一頭栽進原始碼則是一個不建議的方式。

一方面是因為我們不知道從哪個檔案開始找起，另一方面是沒有大概了解專案的結構、命名習慣以及規劃，往往會漏掉許多的關鍵資訊或文件，因此打開一個新專案時，通常會先閱讀 README[*1]，並看一次專案目錄結構來判斷該怎麼開始。在 macOS / Linux 上的 tree 命令也有類似的作用，如果專案不是在 GitHub 上的話，也可以抓回電腦內查看。

2.2　Sourcegraph 擴充套件

如果是使用 IDE（整合開發環境）這類編輯器，大多會提供非常良好的輔助功能，像是 C / C++ 這類語言大多都能正確偵測，並提供撰寫上的自動補完或提示。

其實在 GitHub 上，如果我們想要查詢某個函式的定義位置，透過內建的搜尋功能是很難尋找的，而 Sourcegraph 提供了非常方便的查詢功能，可以讓我們快速針對

---

*1　現今大部分專案都會使用 Markdown 格式撰寫，通常都可以找到 README.md 這類檔案。

「定義」或者「參考」兩種情況來查詢，如此我們就可以快速找到需要的原始碼，或者某個函式定義的使用方式作為參考。

如果是使用 Vim 這類編輯器，也可以透過搭配外掛和 ctags 這類工具來達到類似的效果，根據情況搭配使用，就能夠順暢閱讀原始碼。

2.3　熟悉語言

在筆者的經驗中，閱讀原始碼困難的原因有很多種，除了技術問題之外，更多的是對程式語言的不熟悉。舉例來說，當我們看到一個專案時，裡面可能會有原始碼、文件、測試、資源檔（Resource Files）等，各類型檔案放在不同的資料夾，如果對某個程式語言的習慣不熟悉，很可能會在每一個目錄中來回尋找。

像是 Ruby 的專案，最常見的是 Ruby on Rails 的網站專案，或是做成套件的 Ruby Gem 兩大類型，前者有經驗的人會先從 app 和 config 兩個目錄以及 Gemfile 檔案來開始找自己想要的資訊，大多數的 Ruby on Rails 專案的主要程式都放在這三個地方。

如果是 Ruby Gem 專案，則會直接從 lib 目錄開始看，基本上只要是設計結構正常的 Gem，都會把原始碼放在 lib 之中，如果使用到了 C 語言撰寫擴充，則還能發現 extconf.rb 這類檔案，如此一來，就能很快從使用的套件、目錄結構和檔名找到自己需要的資訊。

閱讀 C 語言專案時也有類似的技巧，像是 C 語言因為編譯式的關係，會提供標頭檔（Header）給其他人參考，否則原始碼轉換成機器碼後，開發者就不容易知曉其型別，這時如果我們想知道有哪些函式可以呼叫，則可從標頭檔下手，以快速幫助我們了解能使用的功能有哪些。

　　以 Ruby 的語言原始碼專案來看，又會有 lib 目錄放 Ruby 的原始碼、include 目錄放標頭檔，以及 src 目錄放 C 撰寫的原始碼習慣，大家可以打開 CRuby 和 mruby 的 GitHub 來比較一下。

　　因此，閱讀原始碼除了熟悉語言之外，也需要對該語言的習慣有一定的了解，才能更快速找到所需的資訊。當我們能夠順利了解程式的呼叫和執行方式後，大多數技術上的問題通常都不構成學習的障礙，我們在閱讀的同時，可以查詢這些沒看過的寫法，進一步改善自己撰寫對應語言的技巧。

03.
CHAPTER

從 mruby-L1VM 開始

3.1 從範例開始

3.2 虛擬機器初始化

3.3 啟動虛擬機器

3.4 處理 IREP

3.5 處理 OPCode

3.6 虛擬機器的概念

要實現一個程式語言本身並不容易，但也沒有想像中的困難。簡單來說，要設計一個程式語言，我們可以將任務分成兩大部分，分別是「解析語法」和「執行環境」兩個主要功能。

「解析語法」會將我們寫的語法轉換成像是 0110 這樣的資料，而這個格式才是電腦（或者說硬體）可以直接處理的狀態，因此我們平常接觸到的 Ruby、Python、JavaScript，這類語言通常稱為「高階語言」，因為本身的語法已經非常接近人類可以理解的狀態。

而「執行環境」則分為兩種狀況，第一種是能夠直接被作業系統（或硬體）理解並解執行的情況，這種狀況的執行環境就是作業系統本身，可以視為直接被電腦處理；第二種則是透過模擬一台機器的方式來執行，因為是模擬的關係，所以寫出來的程式語法大多可以在不同系統上執行而不需要重新處理。在我們這次的使用情境中，Ruby 屬於後者，因此我們需要設計的是一個可以模擬 Ruby 執行環境的虛擬機器。

因為我們的目標是要讓 mruby 可以在指定的硬體上運作，因此不需要考慮 Ruby 語法是怎麼被轉換成 mruby 虛擬機器的處理，直接使用 mruby 轉換的檔案即可。而我們則需要實作一個在指定環境執行的虛擬機器，來模擬一個可以理解 mruby 執行格式的程式，這樣我們就不需要為每個硬體、作業系統修改 Ruby 程式碼，只要對應的系統上有對應的虛擬機器就可以直接執行。

3.1　從範例開始

直接閱讀 mruby 的原始碼是非常耗費時間的，mruby 提供非常完整的功能，因此我們想要完全理解最基礎的虛擬機器運作也會變得相當困難。其實，網路上有一個非常精簡的 mruby 虛擬機器實作，原始碼大致上只有 1000 行左右，這讓我們可以快速了解一個 mruby 虛擬機器必須實現哪些功能，才能夠正確運作。

要理解一個專案的運作，可以先從範例、測試開始，在 mruby-L1VM[*1] 專案中，提供了一個 test.c 的檔案，我們可以打開來了解 mruby-L1VM 是如何讀取 mruby 編譯後的 mrb 檔案並執行。

以下節錄自 test.c[*2] 的部分內容，讓我們來看一下要執行一個 mrb 檔案需要做哪些事情，以方便我們了解 mruby 虛擬機器的實作。

```c
// test.c
int main(int argc, char** argv) {
    // ...
    struct mrb_vm vm;
    mrb_vm_init(&vm);

    x_printf("**************************************************************\n");
    int n = mrb_run(&vm, buf);
    x_printf("%d\n", n);

    return 0;
}
```

在這段程式碼中，我們會看到呼叫了兩個函式：mrb_vm_init 及 mrb_run，從名字上可知道 mruby-L1VM 會先初始化虛擬機器，接著將虛擬機器作為參考，來執行編譯過的 Ruby 程式碼。

透過這段程式，我們如果想知道虛擬機器如何運作，可從 mrb_vm_init 和 mrb_run 這兩個函式來開始。

---

*1　這裡是 L1VM，而不是 LLVM，第二個字元是數字。

*2　(URL) https://github.com/taisukef/mruby-L1VM/blob/1c12755cd98955f945062806872e86264718bf5a/test.c#L44

3.2　虛擬機器初始化

接下來，我們打開 mruby_l1vm.h[3] 這個檔案，找到 mrb_vm_init 所在的位置，來了解裡面實作了哪些東西。

```
#ifdef SUPPORT_CLASS
#define mrb_vm_init(pvm) { (pvm)->err = 0; (pvm)->nmemory = 0; (pvm)->nobject = MRB_OBJ_
USER; }
#else
#define mrb_vm_init(pvm) { (pvm)->err = 0; (pvm)->nmemory = 0; }
#endif
```

這段程式碼除了判斷是否支援物件的實現，也就是在虛擬機器中允許透過 Class 產生物件，因此會看 pvm 這個參數的屬性，這是因為在 C 語言裡面並沒有物件導向程式設計的支援，只有分為「資料」與「函式」。而資料本身，我們可以透過 struct 關鍵字定義一組數值組合而成的結構資訊。

在弱型別的程式語言中，通常會定義一個名為「變數」的結構，用來記錄變數對應的類型、實際上的資料或資料所在的位置等資訊，將型別的判斷隱藏在執行環境裡面，而不需要由工程師定義。

這裡初始化 mruby 虛擬機器的，實際上是 struct mrb_vm vm; 這段程式。在 C 語言中定義好變數，會自動將記憶體預留好，直到離開呼叫的區段，因此我們接著找到 mrb_vm 的結構[4] 定義來觀察。

```
struct mrb_vm {
```

---

[3]　(URL) https://github.com/taisukef/mruby-L1VM/blob/1c12755cd98955f945062806872e86264718bf5a/mruby_l1vm.h#L311-L315

[4]　(URL) https://github.com/taisukef/mruby-L1VM/blob/1c12755cd98955f945062806872e86264718bf5a/mruby_l1vm.h#L258-L269

```
    int err;

    int nmemory;
    intptr_t memory[MAX_USERDEF * 3]; // obj, const char*, value

#ifdef SUPPORT_CLASS
    int nobject;
#endif

    void* userdata; // You can use freely!!
};
```

　　這個結構定義能儲存的物件數量、錯誤編號等資訊，其實和我們要執行 Ruby 程式碼沒有太大的關係，這表示 mrb_vm_init 實現的功能我們可以先跳過，等到我們解決了執行 Ruby 程式的問題後，再回來處理就可以了。

3.3　啓動虛擬機器

　　接下來，我們在原始碼找到 mrb_run 的位置[*5]，會發現它只有一行，且會呼叫另一個名為「irep_exec」的函式。

　　這個 IREP 是什麼呢？在 Ruby 相關的文章中可能會看到，然而卻很難找到對應的說明，最接近的意思應該是 IR（Intermediate Representation），也就是「中間語言」，通常是在轉換成執行環境可理解的過程中的一個暫時語言，對 mruby 虛擬機器來說，要解析的就是這個 IREP，因此 mrb_run 會去呼叫 irep_exec 函式，將讀取到的 IREP 資料轉交給它，並由它進行後續的處理。

---

*5 　URL https://github.com/taisukef/mruby-L1VM/blob/1c12755cd98955f945062806872e86264718bf5a/mruby_l1vm.h#L786

其實仔細看 mrb_run 這段程式碼，會發現一個有些不一樣的地方：

```
#define mrb_getIREP(mrb) ((mrb) + 34)
#define mrb_run(vm, mrb) irep_exec((vm), mrb_getIREP(mrb), NULL, 0)
```

在傳遞給 irep_exec 的時候，多呼叫了一個 mrb_getIREP 的函式，而且做了 +34 的處理，這是因為在 mruby 2.0[*6]的規格中，透過 mruby 編譯出來的檔案，除了 IREP 之外，還會有一個檔頭（Header）包含在裡面，我們可以在 mruby 的原始碼[*7]中找到這段關於 RITE 的定義。

```
/* binary header */
struct rite_binary_header {
  uint8_t binary_ident[4];     /* Binary Identifier */
  uint8_t binary_version[4];   /* Binary Format Version */
  uint8_t binary_crc[2];       /* Binary CRC */
  uint8_t binary_size[4];      /* Binary Size */
  uint8_t compiler_name[4];    /* Compiler name */
  uint8_t compiler_version[4];
};
```

上面合計的資料大小是 22 bytes，還缺少了 12 bytes，才能和上面的 +34 對應到，這是因為 mruby 除了儲存 Header 之外，還有好幾個 Section（區段），而除了 IREP 之外，也可能包含除錯資訊，因此後面會再連接一段 Section Header 的資料[*8]，才會實際到 IREP 的區段。

```
/* section header */
#define RITE_SECTION_HEADER \
  uint8_t section_ident[4]; \
```

---

*6　在本書撰寫時，mruby 3.0 已經推出，在閱讀原始碼時需要注意版本。

*7　(URL) https://github.com/mruby/mruby/blob/2.1.2/include/mruby/dump.h#L65-L73

*8　(URL) https://github.com/mruby/mruby/blob/2.1.2/include/mruby/dump.h#L84-L88

```
  uint8_t section_size[4]

struct rite_section_header {
  RITE_SECTION_HEADER;
};

struct rite_section_irep_header {
  RITE_SECTION_HEADER;

  uint8_t rite_version[4];      /* Rite Instruction Specification Version */
};
```

將 rite_section_irep_header 的 12 bytes 加上前面得到的 22 bytes，就可以推導出 34 bytes 的數值。

由於我們只希望執行 mruby 編譯出來的 Ruby 程式碼，因此我們並不介意這些區段提供哪些資訊，也只希望可以直接取得 IREP，因此「直接跳過」會是我們實作 mruby 虛擬機器最有效的作法。

3.4　處理 IREP

現在已經知道如何讀取到 mruby 的 IREP 資料，我們接續前面 mrb_vm_run 呼叫的 irep_exec 函式，繼續了解該如何處理 IREP 的資訊。我們可以執行透過 mruby 編譯出來的 Ruby 程式。

我們找到 irep_exec 的起頭[*9] 部分，開始閱讀 mruby-L1VM 裡面最龐大的部分，這也是虛擬機器的核心。

＊9　(URL) https://github.com/taisukef/mruby-L1VM/blob/master/mruby_l1vm.h#L348-L367

```
int irep_exec(struct mrb_vm* vm, const uint8_t* irep, struct mrb_state* parent, int
paramreg) {
    const uint8_t* p = irep;
    p += 4;
    int nlocals = b2l2(p);
    p += 2;
    int nregs = b2l2(p);
    intptr_t reg[nregs - 1]; // no need a reg for management
    p += 2;
    int nirep = b2l2(p);
    p += 2;
    x_printf("locals: %d, rergs: %d, ireps: %d\n", nlocals, nregs, nirep);
    {
        int codelen = b2l4(p);
        p += 4;
        int align = (int)p & 3;
        if (align) {
            p += 4 - align;
        }
    }
    struct mrb_state state = { .parent = parent, .reg = reg };
// …
```

現在，我們看到的是一段充滿意義不明的數字處理，和我們在前面看到的 +34 移動指標是相同的情況，在 IREP 中存在一些 Header 資訊可供我們讀取，這次我們會需要這些資訊來定義一個 IREP 單位的 Ruby 程式執行所需配置的記憶體，因此會看到 mruby-L1VM 使用 b2l2 這個函式來將這些資訊轉換成整數。

那麼一開始的 +4 是什麼呢？我們來詳細了解一個 IREP 的結構是怎樣的。在 mruby 的 mruby/dump.c 檔案中[10]，會描述當製作一個 mrb 檔案時處理到 IREP 階段，要寫入的 Header 資訊有哪些。

＊10 ⓊⓇⓁ https://github.com/mruby/mruby/blob/2.1.2/src/dump.c#L52-L63

```
static ptrdiff_t
write_irep_header(mrb_state *mrb, mrb_irep *irep, uint8_t *buf)
{
  uint8_t *cur = buf;

  cur += uint32_to_bin((uint32_t)get_irep_record_size_1(mrb, irep), cur);  /* record
size */
  cur += uint16_to_bin((uint16_t)irep->nlocals, cur);  /* number of local variable */
  cur += uint16_to_bin((uint16_t)irep->nregs, cur);  /* number of register variable */
  cur += uint16_to_bin((uint16_t)irep->rlen, cur);  /* number of child irep */

  return cur - buf;
}
```

根據這段程式，我們知道會依序寫入 uint32、unit16、unit16、unit16 四個資料寬度不一樣的數值，把 unit32 轉換成 byte 的大小，剛好就是 4、2、2、2 的數值，也和 mruby-L1VM 在 irep_exec 一開始的處理是相同的。

從 mruby 的原始碼中，我們還獲得了另一個資訊，就是 b2l2 函式應該是 bin_to_uint16 的縮寫，在 Header 的資訊中，Record Size（IREP 的長度）也不是我們關心的數值，因此只需要處理後面三個數值 nlocals（區域變數）、nregs（暫存器變數）、rlen（是否有子 IREP 區段）這三個數值的作用，我們會在後面說明。

從 mruby 的 dump.c 這個檔案中，我們會發現在 C 語言使用的無號整數（Unsigned Integer）類型 uint8、uint16 或者 unit32，在轉換成 mrb 的二進位檔案時，會被統一處理成 bin（通常是 binary 的縮寫）的形式，這是因為一些數字無法用一個 byte 去表示，因此需要經過處理，才可以順利被正確儲存。

我們用 100,00 作為例子，它在二進位需要用 16 bit 才能夠表示，用二進位的方式會呈現 0010011100010000 這樣的數值。要以兩個 byte 表示，就需要拆分成 00100111 和 00010000 兩個部分，因此在 mruby 中是透過下面的程式碼處理：

```
static inline size_t
uint16_to_bin(uint16_t s, uint8_t *bin)
{
  *bin++ = (s >> 8) & 0xff;
  *bin   = s & 0xff;
  return sizeof(uint16_t);
}
```

當我們接收到一個uint16型態的正整數時，會先進行Shift（位移），把00100111往右移動8 bit，從0010011100010000變成0000000000100111的狀態，接著用「&」（交集）對這個資料處理，把左邊8 bit的部分去掉，留下00100111放到裡面。下一步驟則是對0010011100010000直接用「&」操作，把左邊的00100111移除掉，留下00010000的部分，這樣我們就把一個2 byte的正整數資料分解成兩個1 byte的資訊。

根據相同的原理，當我們在讀取mruby的二進位資料時，需要反過來進行這個動作，也就是mruby-L1VM的bl2b或mruby的bin_to_uint16這樣的處理，程式碼和拆分類似，只是變成組合起來的方式。

```
static inline uint16_t
bin_to_uint16(const uint8_t *bin)
{
  return (uint16_t)bin[0] << 8 |
         (uint16_t)bin[1];
}
```

原本左邊的部分被放到右邊，因此我們需要先做一次「Shift」（位移），把00100111變成0010011100000000的樣子。接下來做「|」（聯集），把原本右邊的00010000組合進去變成0010011100010000的狀態，如此我們又將原本的數值完整重現出來。

至於uint8大小剛好，因此不會特別處理，然而uint32就會需要和unit16做相同的處理，變成做四次。對於沒有學過相關知識的人來說，可能有點難以理解，然而我們也可以從 mruby 的原始碼觀察到，其刻意把這個概念透過命名、撰寫的方式，讓它比較能被快速理解，這也是許多專案值得我們去學習的地方。

到目前為止，我們已經將讀取 IREP 的前置準備完畢，接下來我們要開始處理 OPCode，以實現虛擬機器的邏輯。

3.5 處理 OPCode

我們先跳過中間的段落，直接來到 OPCode（Operation Code）處理的位置[11]，扣除掉前面的 Header 資訊讀取之外，中間這段程式主要在處理對齊及建立 OPCode 所需要的變數等資訊，我們可以在開始小規模實作的時候再回頭看這些東西。

```
// mruby_l1vm.h
// ...
for (;;) {
    x_printf("%3ld:%3d ", (intptr_t)(p - porg), *p);
    uint8_t op = *p++;
    //x_printf("op %d\n", op);
    switch (op) {
      case OP_NOP:
        x_printf("nop\n");
        break;
```

從這段程式碼中，我們可以觀察到它是一個無限迴圈，在 C 語言裡面是透過 for(;;) 來構築一個不會停止的迴圈，因此我們要結束程式時，就會需要在特定的 OPCode 上呼叫像是 return 之類的動作，讓它直接結束迴圈，這些細節我們都會在後續的實作中依序完成。

---

*11 URL https://github.com/taisukef/mruby-L1VM/blob/master/mruby_l1vm.h#L381-L388

　　而在這個迴圈中，我們會不斷讀取 OPCode 出來，然後用一個超大的 Switch 判斷式依序判斷每一個 OPCode，並進行對應的行為。

　　在我們透過 mruby 產生的 mrb 檔案中，這些 IREP 資料可以看成類似 [指令][資料][指令][資料]…這樣的連續資訊，我們可以利用 mruby 的編譯命令 mrbc 加上 -v，把資訊呈現出來。

```
mruby 2.1.2 (2020-08-06)
00003 NODE_SCOPE:
00003   NODE_BEGIN:
00003     NODE_CALL(.):
00003       NODE_INT 1 base 10
00003       method='+' (146)
00003       args:
00003         NODE_INT 1 base 10
irep 0x7faa6b50fd60 nregs=4 nlocals=1 pools=0 syms=0 reps=0 iseq=8
file: example.rb
    3 000 OP_LOADI_1     R1
    3 002 OP_ADDI        R1          1
    3 005 OP_RETURN      R1
    3 007 OP_STOP
```

　　像這樣，我們在開發的初期就可以對照讀取到的 IREP 資訊是否正確，以及每次讀取的 OPCode 是否和 mruby 編譯出來的相同。

　　一個程式語言的虛擬機器實際上就只有做這樣的處理，剩下的就是將我們需要的邏輯追加上去，逐步擴充虛擬機器的功能。

3.6　虛擬機器的概念

　　我們在接觸虛擬機器之前，可能會對這個神奇的東西感到害怕，但其實它還是由一堆程式邏輯組合而成的。以往我們在開發程式的時候，可能都是小單元或者一次性的處理，然而在處理程式語言的時候，變成要能夠依序處理這些指令，同時做出正確的動作。

　　以 mruby 作為例子，其實是一個很不錯的起步，在許多程式語言的虛擬機器中，因為要提供各種優化、特性，則需要做得非常複雜，然而透過 mruby-L1VM 和 mruby，我們可以用非常簡單的方式，來實現一個能夠執行特定功能的語言虛擬機器，以及不用花費心思從解析原始碼開始，便可以直接進入虛擬機器實作的環節。

　　從 mruby-L1VM 中，我們已經了解要處理 OPCode，實際上只要能執行迴圈來依序讀取資料，就可以達成這件事情，下一章節中我們會用單純實作加法的虛擬機器，來展示可用多麼簡單的方式實作一個語言虛擬機器。

▪MEMO▪

04.
CHAPTER

小試身手

　　從本章開始，我們會進行實作。書中的範例程式碼都在 GitHub[1] 上面，有一些範例程式碼較長，可以直接下載使用。

　　要實現只處理 1 + 1 這樣的整數加法，則虛擬機器需要寫多少程式才能夠實現呢？大約只需要 70 行的程式碼，其實這是在不考慮非常多情況的前提下實作出來的，透過這樣的方式，我們可以快速製作出第一個虛擬機器。在撰寫程式的過程中，我們往往會把問題複雜化，當仔細抽絲剝繭後，其實能找到相當簡單的部分。

　　由於非常簡單，因此要了解如何運作的最快方式就是我們直接從原始碼開始，來實際看這個加法虛擬機器是怎樣動起來的。

```c
#include<stdio.h>
#include<stdlib.h>

enum {
  OP_NOP,
  OP_LOADI_0 = 6,
  OP_LOADI_1,
  OP_LOADI_2,
  OP_LOADI_3,
  OP_LOADI_4,
  OP_LOADI_5,
  OP_LOADI_6,
  OP_LOADI_7,
  OP_RETURN = 55,
  OP_ADDI = 60,
};

int main(int argc, char** argv) {
  int maxlen = 1024 * 100;
  uint8_t buf[maxlen];
```

---

*1　(URL) https://github.com/elct9620/book-craft-your-mruby-virtual-machine

```
FILE* fp = fopen("add.mrb", "rb");
int filelen = fread(buf, 1, maxlen, fp);


uint8_t *bin = buf;
// Skip RITE
bin += 34;
// Skip Header
bin += 14;

int32_t a = 0;
int32_t b = 0;
int32_t c = 0;
intptr_t reg[4];

for(;;) {
  uint8_t opcode = *bin++;
  switch(opcode) {
    case OP_NOP:
      break;
    case OP_LOADI_0:
    case OP_LOADI_1:
    case OP_LOADI_2:
    case OP_LOADI_3:
    case OP_LOADI_4:
    case OP_LOADI_5:
    case OP_LOADI_6:
    case OP_LOADI_7:
      a = *bin++;
      reg[a] = opcode - OP_LOADI_0;
      break;
    case OP_ADDI:
      a = *bin++;
      b = *bin++;
      reg[a] += b;
```

```
      break;
    case OP_RETURN:
      a = *bin++;
      printf("Result: %ld\n", reg[a]);
      return 0;
  }
}

fclose(fp);

return 0;
}
```

首先，我們可以看到一開始使用 enum 關鍵字來將 OPCode 列舉出來，這些 OPCode
只列出我們所需要的指令，其他的都直接跳過。

這是因為我們在使用 mrbc 命令編譯 Ruby 檔案時，可以直接知道實作一個加法虛
擬機器所需的 OPCode 有哪些。以這次的範例來說，會呈現下列的資訊：

```
mruby 2.1.2 (2020-08-06)
00003 NODE_SCOPE:
00003   NODE_BEGIN:
00003     NODE_CALL(.):
00003       NODE_INT 1 base 10
00003       method='+' (146)
00003       args:
00003         NODE_INT 1 base 10
irep 0x7f9dbfd05940 nregs=4 nlocals=1 pools=0 syms=0 reps=0 iseq=8
file: add.rb
    3 000 OP_LOADI_1    R1
    3 002 OP_ADDI       R1        1
    3 005 OP_RETURN     R1
    3 007 OP_STOP
```

從上面的輸出結果來看，實際運作時只會需要 OP_LOADI_1、OP_ADDI、OP_RETURN、OP_STOP 等四個指令，然而為了要能支援其他整數，還是把像是 OP_LOADI_2 這類指令加進來。

從指令的名稱來看，很容易就猜到 OP_LOADI_1 是將 1 載入虛擬機器的處理，而 OP_ADDI 則是將整數相加起來的處理。當我們定義好所需的 OPCode 之後，這個超簡易的虛擬機器馬上就進入 main（主程式）的部分：

```
int maxlen = 1024 * 100;
uint8_t buf[maxlen];

FILE* fp = fopen("add.mrb", "rb");
int filelen = fread(buf, 1, maxlen, fp);
```

最開始的程式碼，我們和 mruby-L1VM 一樣，先限定我們可以接受的最大值「1024 * 100」（約 100KiB）來讀取，如果我們的 mrb 檔案太大的話，則會不能讀取，雖然這看起來很不實用，但在驗證概念的時候，這樣的處理會讓問題變得簡單很多。

接下來，我們直接使用 C 語言提供的檔案存取功能，將 add.mrb 這個我們透過 mrbc -v add.rb 命令產生出來的二進位檔案讀取進來。到這個階段，我們在記憶體中配置了一個 100KiB 的大小，並讀取了我們即將要執行的程式。

```
uint8_t *bin = buf;
// Skip RITE
bin += 34;
// Skip Header
bin += 14;
```

接下來，我們先將 buf（資料）轉換成一個指標（bin），如此我們才能在這個資料上移動到我們想要讀取的位置。

　　後面就如同我們閱讀 mruby-L1VM 結合 mruby 原始碼得到的資訊，前面 34 Bytes 是 mrb 檔案的檔頭（Header），這些我們不需要；再往後的 14 Bytes 是區域變數、暫存器大小這類資訊，因為使用 mrbc -v 的指令也會知道，所以我們也先不管，直接跳過。

　　接下來的程式中，我們定義 a、b、c 三個暫時的變數來暫存資料，它可用來表示指標（記憶體的位置）、整數（暫存器的編號）等，而為什麼只需要三個，原因是這樣就足夠表示大部分的情況，像是 a = b、a = b +c、a = b, b = c 等情境，加法、交換資料等都能夠實現。

```
int32_t a = 0;
int32_t b = 0;
int32_t c = 0;
intptr_t reg[4];
```

　　幸運的是，何時該使用 a、b、c 三個數值去讀取暫存器（reg）內的資料或交換，在 mruby 編譯成 mrbc 的時候，就已經預先決定好了，我們只需要依照指示來完成對應的動作即可。如果對這部分的運作有興趣的話，可以去找一些組合語言的文章或者書籍來閱讀，便可以對這部分有更多的了解，也能幫助你學習 CPU 運作的一些概念。

　　接下來的步驟是 OPCode 的處理，雖然本章以很短的方式帶過，但我們後面大多都在實作各種 OPCode 的機制，來讓我們的虛擬機器更加完整。

```
for(;;) {
  uint8_t opcode = *bin++;
  switch(opcode) {
```

　　和我們在閱讀 mruby-L1VM 看到的作法相同，我們只需要不斷讀取 OPCode，直到不能再繼續為止，因此這邊會先利用 for(;;)，來製造出一個持續解析並執行指令的主迴圈，然後每次讀取一個單位的資料，以作為 OPCode 使用。

我們第一個處理的是 OP_NOP 的情況，最簡單也沒有任何作用，只要直接下一個
步驟即可。

```
case OP_NOP:
    break;
```

接下來是載入整數的方式，我們會一次性的處理 0~7 的情況。

```
case OP_LOADI_0:
case OP_LOADI_1:
case OP_LOADI_2:
case OP_LOADI_3:
case OP_LOADI_4:
case OP_LOADI_5:
case OP_LOADI_6:
case OP_LOADI_7:
    a = *bin++;
    reg[a] = opcode - OP_LOADI_0;
    break;
```

這裡 mruby 用了一個巧妙的設計，因為 enum 對應的剛好是一個整數，所以當下的
OPCode 扣掉 OP_LOADI_0 的數值會剛好是我們想要的數值，像是 1 – 0 就會等於 1，
如此我們就不用每個情況都手動設定一個對應的數字，而是一次性處理。

在 OP_LOADI_1 這類情況中，後面會跟著一筆資料，用來表示要將這個整數儲
存到暫存器的哪一個位置上，因此我們會用 a = *bin++; 來讀取位置，並且將它放到
reg[a] 的位置上。

```
case OP_ADDI:
    a = *bin++;
    b = *bin++;
    reg[a] += b;
    break;
```

關於加法的部分，因為要實現 x + y 這樣的表示式（Expression），因此會跟著兩筆資料，以表示 x 和 y 的資訊。這裡有趣的地方在於，mruby 在編譯時發現 x + y 的 y 可以是一個數字，不需要放到暫存器，所以直接優化成 x + N 這樣的形式，因此我們這邊會變成 reg[a] += b 的形式，而 reg[a] 則被用來保存結果，用於最後回傳的時候。

```
case OP_RETURN:
  a = *bin++;
  printf("Result: %ld\n", reg[a]);
  return 0;
```

最後處理的是 OP_RETURN 這個 OPCode，我們直接使用 C 語言的 stdio，以將儲存在暫存器裡面的結果印出到畫面上，然後直接呼叫 return 0 離開 main 函式，也就是主程式結束這次的程式執行。

雖然在 mruby 編譯的二進位檔案還有一個 OP_STOP，用來表示停止的 OPCode，然而我們的加法虛擬機器非常單純，得到結果的回傳就可以直接停止。當我們實作更加完整的虛擬機器時，會再將這些機制完整實作。

從本章的練習中，我們會發現實作一個虛擬機器並不困難，排除掉對指標和 C 語言提供的功能之外，大多是一些有基本程式技能便能順利實現的東西。

如同本章一開始所說，把問題抽絲剝繭後，很多時候就會變得簡單，如果我們一開始就想實作一個非常完整的功能，就會不斷卡在缺少某一個實作，而導致最後一直無法得到成果而放棄，而像這樣先將基本的加法功能實現，專注於某一個重要的機制上，便能不斷擴充來使一個系統更加完整。

05.
CHAPTER

建立專案

5.1 專案設定

5.2 關於測試

5.3 讀取 IREP 資訊

前面我們已經做好暖身的準備了，將開發環境、從原始碼學習的技巧以及簡單的體驗來增加手感都完成後，從本章開始，我們就要來正式撰寫我們的虛擬機器。

先利用習慣的方式（像是 Visual Studio Code），根據使用的開發板類型建立一個全新的 PlatformIO 專案，我們在開發的過程中還是會以使用電腦的環境測試為主，並且在每個階段都上傳到開發板上進行測試，如果沒有開發板的話，也可以直接在電腦上實驗，這雖然有點可惜，但概念都是共通的。

5.1 專案設定

在開始之前，我們要先將 PlatformIO 稍微設定一下，來讓我們可以更順利進行開發及測試。

當我們建立好全新的 PlatformIO 專案後，可以找到一個叫做「platformio.ini」的檔案，裡面會先設定好我們所選擇的開發板的基本設定。

```
[env:d1]
platform = espressif8266
board = d1
framework = arduino
```

對於這樣的設定，我們是沒辦法進行測試的，在 PlatformIO 中提供了名為「native」的選項，可以直接在自己的電腦上執行，只要搭配撰寫測試程式，就能夠順利先在電腦上測試我們實作的虛擬機器是否正確，再將程式燒錄到開發板上。

在原本的 [env:d1] 上方加入 [env:dev] 的設定[*1]，讓我們可以使用電腦來測試。

---

*1　如果在 Windows 上出現問題，可以改為 platform=windows_x86 來自動安裝所需環境。

```
[env:dev]
platform = native
test_build_project_src = true
```

接著我們要驗證這樣的設定可以順利進行測試,因此在 test 資料夾下新增一個叫做「test_main.c」的檔案,加入以下內容:

```
#include<unity.h>

void test_success() {
  TEST_ASSERT_TRUE(1);
}

int main() {
  UNITY_BEGIN();
  RUN_TEST(test_success);
  return UNITY_END();
}
```

這段程式會執行一個永遠成功的測試,如此我們只要執行一次測試,就可以知道是否能夠順利開發,以及能夠使用測試功能來檢查我們實作的虛擬機器。

如果習慣使用命令的話,用 pio test -e dev 來執行測試,在 Visual Studio Code 的話,則可以在 PlatformIO 的選單中看到多了一個 dev 資料夾,資料夾下的 Advance 裡面會出現「Test」的按鈕,點擊後就會自動執行。

5.2 關於測試

寫程式不一定要寫對應的測試程式,然而在寫測試的過程中,有助於我們分解問題以及加速重複性的驗證動作,筆者在實驗想法的時候不會寫測試,直到想法驗證完畢後,才會加上測試然後重構成適合維護的程式。

在 PlatformIO 中，使用的是名為「Unity」[2]的測試框架，因此我們需要依照這個框架的規範來撰寫測試程式，除此之外，PlatformIO 也支援在開發板上做測試，但這比較複雜，可能會遇到各種硬體上的問題，因此我們還是直接在電腦上測試就好。然而有寫測試也不代表程式是百分之百沒問題的，我們有可能因為開發板的關係，遇到像是記憶體不足這類情況，如此即使程式完全沒問題，但還是無法正常執行。

5.3　讀取 IREP 資訊

根據我們在閱讀 mruby-L1VM 的章節中，我們已經知道處理 mruby 產生的二進位檔案會遇到 34 Bytes 的 RITE Header 以及記錄 IREP 執行所需基本資訊的 IREP Header，因此我們可以先從處理 IREP Header 下手，當我們可以處理 IREP Header 之後，要繼續進行處理 OPCode 的部分，就會變得相對容易很多，我們也可以利用這個方式順便驗證前面設定的測試是否能夠正常進行。

因為處理 IREP Header 會需要用到 bin_to_uint32 和 bin_to_uint16 兩個函式，我們可以先將這兩個函式定義出來，並且用測試來驗證。

建立 include/utils.h 這個檔案，裡面會加入我們使用到的一些函式，並且參考 mruby 的原始碼[3]將對應的函式實作出來，如果想要採用 TDD（測試驅動開發）的方式，也可以試著先撰寫測試，因為本書的目的在於嘗試開發語言虛擬機器，因此會先將範例程式展示後，再補上測試驗證實作的方向是否正確。

```
#ifndef MVM_UTILS_H
#define MVM_UTILS_H
```

---

*2　(URL) https://github.com/ThrowTheSwitch/Unity

*3　(URL) https://github.com/mruby/mruby/blob/2.1.2/include/mruby/dump.h#L139-L168

```
static inline uint8_t
bin_to_uint8(const uint8_t *bin)
{
    return (uint8_t)bin[0];
}


#endif
```

　　處理 uint8 的資訊是最簡單也最單純的，我們可以先用這個函式測試，再逐步增加更複雜的程式，一步一步的前進可以減少發生問題的機率。

　　接下來新增 test/test_utils.h 檔案，加入關於測試 bin_to_uint8 的測試函式定義。

```
#ifndef TEST_UTILS_H
#define TEST_UTILS_H

#include<unity.h>
#include<utils.h>

void test_bin_to_uint8();

#endif
```

　　接著新增 test/test_utils.c 檔案，把實際的測試函式實現，並且加入一些測試的案例，以驗證我們輸入的資訊都是我們預期的。

```
#include "test_utils.h"

void test_bin_to_uint8() {
    const uint8_t data[1] = { 0x01 };
    TEST_ASSERT_EQUAL_UINT8(1, bin_to_uint8(data));

    const uint8_t data2[2] = { 0xFF, 0x01 };
    TEST_ASSERT_EQUAL_UINT8(255, bin_to_uint8(data2));
}
```

最後修改 test/test_main.c 檔案，加入 RUN_TEST 設定，以表示要執行我們的測試案例。

```c
#include<unity.h>

#include "test_utils.h"

void test_success() {
  TEST_ASSERT_TRUE(1);
}

int main() {
  UNITY_BEGIN();
  RUN_TEST(test_success);
  RUN_TEST(test_bin_to_uint8);
  return UNITY_END();
}
```

最後執行測試，就會看到多出新的測試項目，並且順利通過測試，然而這些程式碼有一些陌生的地方需要跟大家說明一下。

第一個是 #ifndef MVM_UTILS_H 這段程式碼為什麼要被放在 include/utils.h 裡面，而且幾乎每個「.h」類型的檔案都會像這樣放置在裡面。假設我們把 #ifndef MVM_UTILS_H 這幾個語法移除的話，在執行編譯的時候，會出現「duplicate symbols」的錯誤訊息。

如果我們的專案只有單一檔案的話，便不會遇到這樣的問題，然而在多個檔案的時候，因為編譯器會每一個檔案都處理一次，如此一來，就會定義好幾次同樣名字的函式，當最後要合併檔案的時候，就會出現「重複」的狀況。

我們可以透過 C 語言的巨集（Macro）功能來輔助，像是 #ifndef 就是巨集的一種，因此會有像這樣的語法出現在「.h」的檔案中。

```
#ifndef MVM_UTILS_H
#define MVM_UTILS_H
// …
#endif
```

這段程式的語法是加入一個判斷來檢查是否有定義 MVM_UTILS_H 這個巨集,如果沒有的話,則先定義 MVM_UTILS_H 之後繼續處理,而內容則是定義 C 語言程式裡面應該要參考的 Symbol(符號),如此一來,所有 C 語言的檔案就會都參考到同一個符號,在實際運作的時候,便能正確呼叫到同一個函式。至於 MVM_UTILS_H 的命名可以依照大家的喜好取名,通常會是專案名稱、功能再加上 _H,表示是一個標頭檔。

接下來,我們用相同的方式把 bin_to_uint16 和 bin_to_uint32 也加入到 include/utils.h,以讓我們在解析 IREP Header 的時候可以順利呼叫。

```
static inline uint32_t
bin_to_uint32(const uint8_t *bin)
{
  return (uint32_t)bin[0] << 24 |
         (uint32_t)bin[1] << 16 |
         (uint32_t)bin[2] << 8  |
         (uint32_t)bin[3];
}

static inline uint16_t
bin_to_uint16(const uint8_t *bin)
{
  return (uint16_t)bin[0] << 8 |
         (uint16_t)bin[1];
}
```

加入對應的程式碼之後,我們在 test/test_utils.h 新增對應的測試函式。

```
void test_bin_to_uint16();
void test_bin_to_uint32();
```

接著在 test/test_utils.c 加入測試程式，驗證 uint16 和 uint32 也能被正確轉換成我們預期的數值。

```
void test_bin_to_uint16() {
  const uint8_t data[2] = { 0x01, 0x02 };
  TEST_ASSERT_EQUAL_UINT8(257, bin_to_uint16(data));

  const uint8_t data2[3] = { 0x01, 0x03, 0xFF };
  TEST_ASSERT_EQUAL_UINT8(258, bin_to_uint8(data2));
}

void test_bin_to_uint32() {
  const uint8_t data[4] = { 0x00, 0x00, 0x01, 0x02 };
  TEST_ASSERT_EQUAL_UINT8(257, bin_to_uint32(data));

  const uint8_t data2[5] = { 0x00, 0x00, 0x01, 0x03, 0xFF };
  TEST_ASSERT_EQUAL_UINT8(258, bin_to_uint8(data2));
}
```

完成之後，我們重新整理一下 test/test_main.c 的內容，清理掉之前驗證測試的函式，然後加入新的測試項目以及增加註解來方便未來追蹤。

```
#include<unity.h>

#include "test_utils.h"

int main() {
  UNITY_BEGIN();

  // Utils
  RUN_TEST(test_bin_to_uint8);
```

```
    RUN_TEST(test_bin_to_uint8);
    RUN_TEST(test_bin_to_uint8);

    return UNITY_END();
}
```

　　接著我們透過 PlatformIO 執行測試，就會看到順利通過測試的訊息，這表示程式的運作大致上符合我們的預期，通過測試並不代表百分之百的安全，而且測試加速了我們手動驗證的流程，以及可以快速增加一些簡單的驗證。

　　現在我們可以正確的把 mruby 的二進位檔案資訊轉換為正確的數值，因此可以開始針對 IREP Header 進行處理，我們先新增 include/irep.h 這個檔案，然後針對 IREP 相關的函式進行處理。

```
#ifndef MVM_IREP_H
#define MVM_IREP_H

#include<stdint.h>
#include<stdlib.h>
#include "utils.h"

typedef struct irep_header {
    uint32_t size;
    uint16_t nlocals;
    uint16_t nregs;
    uint16_t nirep;
} irep_header;

irep_header* irep_read_header(const uint8_t* ptr, uint8_t* len);

#endif
```

　　在 mruby-L1VM 的設計中是非常極端的「精簡」，因此不會定義一些資料結構來輔助儲存，雖然微控制器的處理器、記憶體遠比電腦小很多，但也沒有到我們想像中的那麼差，因此可以安心建立一些結構來輔助儲存，至於要保留哪些東西，就要根據不同微控制器的使用狀況自行取捨。

這段程式碼中，包含了之前被跳過的 Record Size（IREP 的大小）也一起記錄進去，除此之外，我們還定義了 irep_read_header 這個函式，可用來處理讀取 IREP Header 內容的機制。

接著加入 src/irep.c 來實作 irep_read_header，以讓我們可以將 nlocals、nregs、nirep 等資訊讀取出來。

```c
#include<irep.h>

irep_header* irep_read_header(const uint8_t* ptr, uint8_t* len) {
  const uint8_t* start = ptr;

  irep_header* header = (irep_header*)malloc(sizeof(irep_header));

  header->size = bin_to_uint32(ptr);
  ptr += 4;

  header->nlocals = bin_to_uint16(ptr);
  ptr += 2;

  header->nregs = bin_to_uint16(ptr);
  ptr += 2;

  header->nirep = bin_to_uint16(ptr);
  ptr += 2;

  *len = (uint8_t)(ptr - start);

  return header;
}
```

　　這段程式碼做的事情不算複雜，首先我們會收到兩個資訊，第一個是資料的陣列，在 C 語言中陣列也可以用指標表示，某種意義上來說，一個陣列就是一段連續的資料，因此我們每次移動一個單位就可以讀取到下一個資料內容；第二個則是我們讀取的長度，因為我們在 C 語言呼叫函式的時候是傳遞「指標位置」，也就是說，我們在讀取的過程中，不管移動指標到哪裡，都不會影響呼叫的人，因此我們需要將移動的資訊回報回去，此時只需要把一個整數資訊當作指標傳進來，我們透過指標找到原本的位置，並更新裡面的數值即可。

　　接著我們會使用 malloc 函式來配置記憶體，跟我們直接定義一個變數不同，透過 malloc 配置的記憶體不會在呼叫後被自動回收，而是會一直存在，直到我們呼叫 free 來釋放，透過這樣的方式，在我們離開 irep_read_header 這個函式後，還是能夠繼續使用到，我們經常聽到的「Memory Leak」（記憶體洩漏）是很多初次撰寫 C 語言的工程師會遇到的狀況，這就是忘記釋放記憶體造成。

　　當我們定義了 header 之後，就可以依照前面章節中透過原始碼分析出來的資料大小，用 bin_to_uint32 這些函式讀取裡面保存的數值，然後移動指標到下一個位置繼續處理，直到我們完成所有需要的處理為止。

　　現在我們已完成了新函式的實作，新增 test/test_irep.h 來定義新的測試函式，以檢查結果是否如我們期待的一樣可正確讀取出所需的數值。

```c
#ifndef TEST_IREP_H
#define TEST_IREP_H

#include<unity.h>
#include<irep.h>

void test_irep_read_header();

#endif
```

　　基本上，和 test/test_utils.h 的情況差不多，其實是把 #include<utils.h> 換成了 #include<irep.h>，因為我們需要測試的是 irep.h 內定義的函式，而非 uitls.h 的函式。

　　接著加入 test/test_irep.c，然後進行測試，確認裡面實作的函式能照我們預期的方式讀取到特定的資訊，並且轉換成 irep_header 這個結構。

```
#include "test_irep.h"

void test_irep_read_header() {
  const uint8_t bin[] = {
    0x00, 0x00, 0x01, 0x00, // Size = 255
    0x00, 0x04, // nlocals = 4
    0x00, 0x03, // nregs = 3
    0x00, 0x01, // nirep = 1
  };

  uint8_t len;

  irep_header* header = irep_read_header(bin, &len);

  TEST_ASSERT_EQUAL_UINT32(256, header->size);
  TEST_ASSERT_EQUAL_UINT16(4, header->nlocals);
  TEST_ASSERT_EQUAL_UINT16(3, header->nregs);
  TEST_ASSERT_EQUAL_UINT16(1, header->nirep);

  TEST_ASSERT_EQUAL(10, len);

  free(header);
}
```

　　因為我們的測試還不算複雜，因此可以先利用人工的方式將測試資料撰寫出來，接著實際呼叫 irep_read_header 將資訊讀取出來，再透過測試框架提供的斷言（Assert）功能比較結果，一切都做完之後再呼叫 free，將已經不需要繼續使用的記憶體釋放掉，避免占用多餘的記憶體（即使很少）。

06.

CHAPTER

處理 OPCode

6.1 ISEQ 前置處理

6.2 讀取 OPCode

6.3 定義 OPCode

6.4 處理 OPCode

當我們完成 IREP Header 的讀取後，就會進入 ISEQ 區域，也就是 Ruby 裡面跟 OPCode 相關的資訊，在 Ruby 中如果討論到 ISEQ，通常是指 OPCode 相關的處理，本章中我們會建立可以處理 OPCode 的框架，讓我們在後續的開發只需要不斷擴充，就可以逐步完善虛擬機器。

6.1　ISEQ 前置處理

如果有仔細看過 mruby-L1VM 的處理，會發現還有一小段程式[1] 做了一個看不太出來用意的處理。

```
{
  int codelen = b214(p);
  p += 4;
  int align = (int)p & 3;
  if (align) {
    p += 4 - align;
  }
}
```

這一段程式並不屬於 IREP Header，而是 ISEQ 的起頭，因此我們可以在 mruby 的 dump.c[2] 裡面找到這段程式碼。

```
static ptrdiff_t
write_iseq_block(mrb_state *mrb, mrb_irep *irep, uint8_t *buf, uint8_t flags)
{
  uint8_t *cur = buf;
```

---

[1]　(URL) https://github.com/taisukef/mruby-L1VM/blob/master/mruby_l1vm.h#L359-L366

[2]　(URL) https://github.com/mruby/mruby/blob/2.1.2/src/dump.c#L78-L89

```
cur += uint32_to_bin(irep->ilen, cur); /* number of opcode */
cur += write_padding(cur);
memcpy(cur, irep->iseq, irep->ilen * sizeof(mrb_code));
cur += irep->ilen * sizeof(mrb_code);

return cur - buf;
}
```

　　這裡很清楚可看到會寫入 OPCode 的數量、設置一個對齊，接著移動這個 IREP 中所有的子 IREP 總長度，讓它移動到正確的位置，構成一個 ISEQ 區域。

　　在這邊 mruby 希望以 4 bytes[*3] 為單位對齊，因此在 write_padding 函式[*4] 中進行了下面這樣的處理：

```
static size_t
write_padding(uint8_t *buf)
{
  const size_t align = MRB_DUMP_ALIGNMENT;
  size_t pad_len = -(intptr_t)buf & (align-1);
  if (pad_len > 0) {
    memset(buf, 0, pad_len);
  }
  return pad_len;
}
```

　　在這邊 -(intptr_t)buf & (align-1) 是一個很有趣的處理，當 align 是二的冪（power of 2）時，buf % align 和 buf & (align - 1) 有著相同的意義，然而後者並不需要進行除法運算，因此在微控制器上的執行會更有效率。

　　舉例來說，我們有一個位置是 0xB 乘以 -1 之後，跟 (align -1) 做「&」計算的時候，會得到 1 這個數值，而 0xB 換算成 10 進位，剛好就是 11，以 4 的倍數來看，還差了

---

*3　(URL) https://github.com/mruby/mruby/blob/2.1.2/include/mruby/dump.h#L63

*4　(URL) https://github.com/mruby/mruby/blob/2.1.2/src/dump.c#L30-L39

1 個單位，因此就能推算出以 4 bytes 為單位對齊時還需要多少單位，在這邊 mruby 用 memset 用 0000 去填滿了缺少的空間，讓資料以 4 的倍數對齊。

回到一開始的 int align = (int)p & 3;，用意也是類似的，我們找出目前位置距離 4 的倍數還差多少，然後移動到正確的位置上。透過資料對齊（Alignment）的處理，可以讓處理器在處理時以適當的單位讀取，這就是為什麼 mruby-L1VM 在正式開始讀取 OPCode 時要做這樣的處理。

6.2 讀取 OPCode

處理完對齊後，就會進入 ISEQ 的區域，因此我們接下來只需要像下面這樣，就可以讀取到第一個 OPCode 來處理。

```
uint8_t op = *p++;
```

然而，只有像這樣明顯是不夠的，在我們開始處理 OPCode 之前，我們需要先將我們的程式整理乾淨，把 mruby-L1VM 的 irep_exec 函式實作出來，我們會用 mrb_exec 的方式來命名，相對 irep_exec 直覺一點。

處理 OPCode 的行為，基本上可以歸類在虛擬機器的處理上，因此我們加入 include/vm.h 這個檔案，然後定義 mrb_exec 這個函式。

```
#ifndef MVM_VM_H
#define MVM_VM_H

#include "irep.h"

int mrb_exec(const uint8_t* irep);

#endif
```

接下來加入 src/vm.c 這個檔案，把到讀取 OPCode 的行為實作出來。

```c
#include<vm.h>

int mrb_exec(const uint8_t* bin) {
  const uint8_t* p = bin;
  uint8_t len;

  irep_header* irep = irep_read_header(p, &len);
  p += len;

  {
    p += 4; // Codelen
    size_t align = sizeof(uint32_t);
    p += -(intptr_t)p & (align - 1);
  }

  return *p;
}
```

因為我們還不需要實際處理 OPCode，因此直接讓回傳的數值為第一個讀取到的 OPCode，這樣也方便我們進行測試。

接下來再繼續加入測試，先新增 test/test_vm.h 定義對 mrb_exec 測試的函式。

```c
#ifndef TEST_VM_H
#define TEST_VM_H

#include<unity.h>
#include<vm.h>

void test_mrb_exec();

#endif
```

然後新增 test/test_vm.c 這個檔案實作測試，這邊我們可以拿之前測試 irep 的資料，繼續加入一小部分資料來對 mrb_exec 這個函式進行驗證。

```c
#include "test_vm.h"

void test_mrb_exec() {
  const uint8_t bin[] = {
    0x00, 0x00, 0x01, 0x00, // Size = 255
    0x00, 0x04, // nlocals = 4
    0x00, 0x03, // nregs = 3
    0x00, 0x01, // nirep = 1,
    0x00, 0x00, 0x00, 0x00, // Codelen = 0
    0x00, 0x00, // Padding to 16 bytes
    0x01 // OP_MOVE
  };

  int ret = mrb_exec(bin);

  TEST_ASSERT_EQUAL_UINT32(1, ret);
}
```

我們可以在上面的測試中注意到，如果到 Codelen 的位置只會有 14 bytes，不會是 4 的倍數，因此需要放入兩個 0x00 的空白資料對齊到 16 bytes，才能夠讓 mrb_exec 正確執行，我們最後放入 0x01（OP_MOVE）來當作測試資料，以免讀取到對齊的資料跟 0x00（OP_NOP）混在一起，反而沒有正確驗證。

最後在 src/test_main.c 中，以前面章節的方式加入 test_vm.h 相關的設定來執行測試，就會看到我們的程式順利通過測試，並可以繼續往讀取 OPCode 的階段前進。

6.3　定義 OPCode

在我們開始之前，可以先簡單回顧一下 OPCode 是什麼。因為虛擬機器是用來模擬真實的電腦處理器，也因此會有類似指令集[*5]這樣的機制，而 OPCode 就是泛指某個處理器中的指令。這裡我們要實作的是 mruby 這種處理器的指令，因此我們可以在 mruby 的 GitHub[*6] 上找到 OPCode 的說明檔案。

Instruction Name	Operand type	Semantics
OP_NOP	-	no operation
OP_MOVE"	BB	R(a) = R(b)
OP_LOADL"	BB	R(a) = Pool(b)
OP_LOADI"	BB	R(a) = mrb_int(b)
OP_LOADINEG"	BB	R(a) = mrb_int(-b)

上面的表格是節錄自 mruby 的文件，閱讀的方式基本上也不困難。第一欄是「指令的名稱」，基本上會依照順序編號，像是 OP_NOP 就會是 0，而 OP_MOVE 則是 1，以此類推。

第二欄是「指令的類型」，在文件前面有說 B 的單位是 8 bit，也就是我們每次要讀取 1 bytes 的資料來對應這個指令，以 OP_MOVE 的 BB 來說，就是要讀取 2 bytes 的資料。

第三欄則是「指令的意思」，以 OP_MOVE 為例，就是我們會將 R(b) 放到 R(a) 這個位置，裡面的 a 和 b 是兩個 8 bit 的資訊，我們剛才從 BB 這點可以推導出來，而 R(a) 和 R(b) 則表示 Register（暫存器）[*7]的 a 位置和 b 位置，因此 OP_MOVE 的用意

[*5]　(URL) https://zh.wikipedia.org/wiki/%E6%8C%87%E4%BB%A4%E9%9B%86%E6%9E%B6%E6%A7%8B

[*6]　(URL) https://github.com/mruby/mruby/blob/2.1.2/doc/opcode.md

[*7]　虛擬機器大致上有 Stack-Based 和 Register-Based 兩種類型，這裡的 mruby 虛擬機器屬於 Register-Based 的類型。

就是從暫存器的 b 位置移動到 a 位置，我們在寫程式的時候，可能會很直覺的寫出 a = b 這樣的語法，然而在硬體底層就會需要許多指令來實現這一項工作。

既然我們知道了該如何定義，就可以參考 mruby/ops.h 這個檔案[8]，快速挑選我們需要實作的 OPCode 出來，然後實作對應的功能。在 mruby 的原始碼中，使用了大量的巨集（Macro）技巧來定義 OPCode，同時我們不需要用這麼複雜的方式，可以簡單使用 enum 來定義，之後如果要繼續擴充的話，再進行重構就可以了。

這次我們一樣先以加法虛擬機器為基礎來製作，建立 include/opcode.h 檔案，然後加入以下的程式碼定義，來實現一個加法所需要的 OPCode 到我們的專案中。

```
#ifndef MVM_OPCODE_H
#define MVM_OPCODE_H

enum {
  OP_NOP,
  OP_LOADI_0 = 6,
  OP_LOADI_1,
  OP_LOADI_2,
  OP_LOADI_3,
  OP_LOADI_4,
  OP_LOADI_5,
  OP_LOADI_6,
  OP_LOADI_7,
  OP_RETURN = 55,
  OP_ADDI = 60,
};

#endif
```

*8　(URL) https://github.com/mruby/mruby/blob/2.1.2/include/mruby/ops.h

我們可以將前面章節試做的加法虛擬機器定義的 OPCode 直接搬過來使用,在這個階段中,我們會將加法虛擬機器以比較完整的方式重構一次,因此還不需要增加額外的 OPCode 到專案中。

6.4　處理 OPCode

接下來,我們要先把原本加法虛擬機器的功能重新實作,這其實和前面章節中我們直接用 for 迴圈加上 switch 判斷的方式來處理類似,我們要調整為參考 mruby 的方式來處理,這樣能讓我們在未來處理 OPCode 的時候更加容易,我們先來看一小段 mruby 的原始碼[9],以了解是如何處理的。

```
INIT_DISPATCH {
    CASE(OP_NOP, Z) {
      /* do nothing */
      NEXT;
    }

    CASE(OP_MOVE, BB) {
      regs[a] = regs[b];
      NEXT;
    }
```

這段程式碼出現了和 for / switch 截然不同的寫法,但看起來也不像是 C 語言會出現的使用方式,這是因為 mruby 大量的使用巨集(Macro)的機制,因此我們可以找到 INIT_DISPATCH 實際上就是 for(;;) 與 switch 的組合,為了讓原始碼容易理解用意,因此利用巨集效果轉換成 INIT_DISPATCH 來表現。

---

*9　(URL) https://github.com/mruby/mruby/blob/2.1.2/src/vm.c#L1011-L1020

而 CASE(OP_NOP, BB) 看起來是一個函式，實際上是多次的巨集展開，以做到動態根據需要讀取的資料（像是 Z 等同於完全不讀取、BB 等於兩個 1 bytes 的資料），這些都透過巨集將語法隱藏起來，除了更容易閱讀之外，也讓原始碼不會這麼多。因為我們很難將 OPCode 處理的部分拆分，因此在非常巨大的函式實作中，透過這樣的方式可以更加簡潔清晰。

我們先更新 include/vm.h 的內容，加入 CASE 和 NEXT 兩個巨集來處理，我們在這裡可以先跳過 INIT_DISPATCH 的實作，在 mruby 的實作中，還有不少和其他資訊相互處理的地方，然而我們還暫時用不到。

```
#define CASE(insn,ops) case insn: FETCH_##ops ();;
#define NEXT break
```

在 NEXT 的部分很單純，會直接替換成 break，而 CASE 看起來就有點複雜，同時展開後會變成 case insn: FETCH_BB();; 的樣子，如果再繼續更近一步展開，會變成像是下面這樣的程式碼。

```
case insn:
  do { a = READ_B(); b = READ_B(); } while(0);
```

如果再搭配上 mruby 的使用方式 CASE(OP_MOVE, BB) {}，就會再繼續展開成這個樣子（我們也把 READ_B() 一起展開）。

```
case insn:
  do { a = (*(p++)); b = (*(p++)); } while(0);
  {
    // ...
  }
```

如此一來，透過巨集的輔助，我們就可以少寫不少程式碼。除了 CASE 和 NEXT 之外，我們使用到的 FETCH_ 和 READ_ 類型的巨集也需要加入，因此在 include/

opcode.h 這個檔案中放入相關的處理，未來我們遇到需要讀取這類型資料的時候可

直接使用，之後我們可以回去調整 IREP Header 讀取的部分。

```
/**
 * B = 8bit
 * S = 16bit
 * W = 24bit
 * L = 32bit
 */


#define PEEK_B(pc) (*(pc))
#define PEEK_S(pc) ((pc)[0]<<8|(pc)[1])
#define PEEK_W(pc) ((pc)[0]<<16|(pc)[1]<<8|(pc)[2])
#define PEEK_L(pc) ((pc)[0]<<24|(pc)[1]<<16|(pc)[2]<<8|(pc)[3])


#define READ_B() PEEK_B(p++)
#define READ_S() (p+=2, PEEK_S(p-2))
#define READ_W() (p+=3, PEEK_W(p-3))
#define READ_L() (p+=4, PEEK_L(p-4))


#define FETCH_Z() /* noop */
#define FETCH_B() do { a = READ_B(); } while(0)
#define FETCH_BB() do { a = READ_B(); b = READ_B(); } while(0)
#define FETCH_BBB() do { a = READ_B(); b = READ_B(); c = READ_B(); } while(0)
#define FETCH_BS() do { a = READ_B(); b = READ_S(); } while(0)
#define FETCH_S() do { a = READ_S(); } while(0)
```

　有了這些巨集，我們就可以將 src/vm.c 的實作從原本直接回傳資料，修改成使用迴

圈讀取每一個指令的版本。

```
#include<vm.h>
#include<opcode.h>


// …
```

```c
int mrb_exec(const uint8_t* bin) {
  // …

  int32_t a = 0;
  int32_t b = 0;
  int32_t c = 0;


  for(;;) {
    uint8_t insn = READ_B();

    switch(insn) {
      CASE(OP_RETURN, B) {
        return 99;
        NEXT;
      }
    }

  }

  return 0;
}
```

我們將原本的 return *p 調整為一個無限的 for 迴圈，然後加入 CASE / NEXT 的語法組合，來讓 OP_RETURN 這個指令先直接回傳一個數值，以用來驗證測試。

修改完畢後，會發現我們前面寫的測試失敗，因此接下來我們需要修改測試的內容來符合我們目前預期的規格。打開 test/test_vm.c 來修改，將原本的 OP_MOVE 的 0x01 改為 OP_RETURN 的 0x37，以確保我們有正確進入 OP_RETURN 的判斷中。

```c
#include "test_vm.h"

void test_mrb_exec() {
  const uint8_t bin[] = {
```

```
    0x00, 0x00, 0x01, 0x00, // Size = 255
    0x00, 0x04, // nlocals = 4
    0x00, 0x03, // nregs = 3
    0x00, 0x01, // nirep = 1,
    0x00, 0x00, 0x00, 0x00, // Codelen = 0
    0x00, 0x00, // Padding to 16 bytes
    0x37 // OP_RETURN
  };

  int ret = mrb_exec(bin);

  TEST_ASSERT_EQUAL_UINT32(99, ret);
}
```

最後，將測試的斷言也修改成要回傳 99 才行，這邊比較特別的地方是因為我們沒有使用 codelen 判斷，因此即使超出範圍，也會無限的執行下去，直到遇到 OP_RETURN 的記憶體位置而通過測試，因此先故意調整回傳數值來讓測試失敗，再回去根據情況調整，就比較能確認我們的修改沒有嚴重的錯誤。

接下來，我們用相同的方式把原本加法虛擬機器的部分實作完整，然後再修正一次測試，讓測試可以符合我們的預期，並繼續更新 src/vm.c 的內容，來將實作逐步完整。

```
int mrb_exec(const uint8_t* bin) {
  // ...

  // Temp
  int32_t a = 0;
  int32_t b = 0;
  int32_t c = 0;
  intptr_t reg[irep->nregs];


  for(;;) {
```

```c
    uint8_t insn = READ_B();

    switch(insn) {
      CASE(OP_NOP, Z) {
        NEXT;
      }
      CASE(OP_LOADI_0, B) goto LOAD_I;
      CASE(OP_LOADI_1, B) goto LOAD_I;
      CASE(OP_LOADI_2, B) goto LOAD_I;
      CASE(OP_LOADI_3, B) goto LOAD_I;
      CASE(OP_LOADI_4, B) goto LOAD_I;
      CASE(OP_LOADI_5, B) goto LOAD_I;
      CASE(OP_LOADI_6, B) goto LOAD_I;
      CASE(OP_LOADI_7, B) {
LOAD_I:
        reg[a] = insn - OP_LOADI_0;
        NEXT;
      }
      CASE(OP_ADDI, BB) {
        reg[a] += b;
        NEXT;
      }
      CASE(OP_RETURN, B) {
        return reg[a];
      }
    }
  }

  return 0;
}
```

在這邊我們利用了 C 語言的 goto 語法，因為遇到讀取整數的情況處理都是類似的，然而我們因為巨集的關係，無法利用省略 break 來跳到下面的區塊，在 mruby 中利用了語言的特性來做到這件事情。

　　修改完畢後，我們的測試又會處於失敗的狀態，不過這次我們的測試因為已經是完整的虛擬機器，因此需要建立一個內容是 1 + 1 的 add.rb 檔案，並且使用 mrbc -B bin add.rb 來產生 add.c 這個檔案，接著將檔案中的 bin[] = { … } 複製到我們的測試中作為測試資料，更新 test/test_vm.c 檔案來驗證我們的實作可正常運作。

```
#include "test_vm.h"

void test_mrb_exec() {
  const uint8_t bin[] = {
    // mrbc -B bin add.rb
    // …
  };

  int ret = mrb_exec(bin + 34);

  TEST_ASSERT_EQUAL_UINT32(2, ret);
}
```

　　更新後的內容基本上不太容易自己處理，因此就不手動進行排版，在讀取之前，裡面還會包含了 RITE Header 等部分資料，因此 mrb_exec 會從 mrb_exec(bin) 修改為 mrb_exec(bin + 34)，來跳過不需要的資料，以確保我們從正確的位置開始讀取。

▪MEMO▪

07.

CHAPTER

數學運算

現在我們的虛擬機器可以進行簡單的加法運算，但還不太能夠進行完整的數學運算，因此我們先將相關的行為實現，來完善最基本的數學運算功能。

先更新 include/opcode.h 的內容，加入所需的 OPCode 設定。

```
enum {
  OP_NOP,
  OP_LOADI = 3,
  OP_LOADINEG,
  OP_LOADI__1,
  OP_LOADI_0,
  // ...
  OP_ADD = 59,
  OP_ADDI,
  OP_SUB,
  OP_SUBI,
  OP_MUL,
  OP_DIV,
};
```

因為我們不是一口氣將所有 OPCode 放到裡面的，所以原本像是 OP_LOADI_0 = 6 會因為前面的 OP_LAODI = 3 被補上，而變成連續的數值，便不需要 = 6 的部分。這裡我們加入了負數及四則運算的必要運算子的 OPCode 到設定裡面，接下來就先從載入整數開始實作。

修改 src/vm.c，在適當的位置加入 OP_LOADI 的實作，一般來說，會建議依照 OPCode 的順序來放置，這樣在未來會比較好對照。

```
// ...
    CASE(OP_LOADI, BB) {
      reg[a] = b;
      NEXT;
    }
// ...
```

　　同樣的，要驗證是否有正確實作，我們可以善用 PlatformIO 的測試功能。如果我們將 OPCode 相關的測試都放到 test/test_vm.c 裡面，則會變得非常大，因此將數學運算相關的測試拆分到 test/test_math.c 裡面實作，我們分別加入 test/test_math.h 和 test/test_math.c 來進行測試。

```
#ifndef TEST_MATH_H
#define TEST_MATH_H

#include<unity.h>
#include<vm.h>

void test_opcode_loadi();

#endif
```

　　跟之前的 Header 實作方式差異不大，這邊我們根據測試的 OPCode 來命名，像是 test_opcode_loadi()，這樣就能快速區分我們正在測試的對象。

　　接著加入 test/test_math.c 的內容，在這邊大家可以自己透過 mrbc 命令產生測試的內容，這個範例會直接在 Ruby 檔案中寫上 99 作為區隔，避免使用到 LOADI_0~LOADI_7 這幾個有獨立 OPCode 的狀況。

```
#include "test_math.h"

void test_opcode_loadi() {
  const uint8_t bin[] = {
    /**
     * # Ruby Code
     * 99
     */
    // …
  };
```

```
    int ret = mrb_exec(bin + 34);

    TEST_ASSERT_EQUAL_UINT32(99, ret);
}
```

最後在 test/test_main.c 裡面加上對應的 RUN_TEST 設定即可，然後執行測試來驗證是否和我們預期的一樣回傳 99 回來。

接下來我們處理載入負數的功能，如果是 -1 的情況和 0~7 的處理是相同的，而其他負數則是跟整數相同，要額外多做一個乘以 -1 的處理。

```
    CASE(OP_LOADINEG, BB) {
      reg[a] = b * -1;
      NEXT;
    }
    CASE(OP_LOADI__1, B) goto LOAD_I;
```

基本上，和前面 LOADI 和 LOADI_0 的狀況差不多，我們一樣實作測試來驗證新增加的處理是否和預期一樣運作。

```
#ifndef TEST_MATH_H
#define TEST_MATH_H

#include<unity.h>
#include<vm.h>

void test_opcode_loadi();
void test_opcode_loadineg();
void test_opcode_loadi__1();

#endif
```

增加 test_opcode_loadineg 和 test_opcode_loadi__1 兩個函式，因為篇幅的關係，我們先暫時省略 loadi_0 到 loadi_7 的測試，先驗證我們新增加的行為即可。

```
void test_opcode_loadineg() {
  const uint8_t bin[] = {
    /**
     * # Ruby Code
     * -101
     */
     // …
  };

  int ret = mrb_exec(bin + 34);

  TEST_ASSERT_EQUAL_UINT32(-101, ret);
}

void test_opcode_loadi__1() {
  const uint8_t bin[] = {
    /**
     * # Ruby Code
     * -1
     */
     // …
  };

  int ret = mrb_exec(bin + 34);

  TEST_ASSERT_EQUAL_UINT32(-1, ret);
}
```

　　加入對應的函式後，用跟之前相同的方式在 test/test_main.c 加入對應的 RUN_
TEST 語法，接著執行測試來驗證我們的實作都沒有問題。

　　因為之前有實作過加法，也有前面擴充 OPCode 實作的經驗，因此我們在這邊將
OP_ADD、OP_SUB 等指令一口氣實作出來，加入到 src/vm.c 裡面。

```
CASE(OP_ADD, B) {
  reg[a] += reg[a + 1];
  NEXT;
}
CASE(OP_ADDI, BB) {
  reg[a] += b;
  NEXT;
}
CASE(OP_SUB, B) {
  reg[a] -= reg[a + 1];
  NEXT;
}
CASE(OP_SUBI, BB) {
  reg[a] -= b;
  NEXT;
}
CASE(OP_MUL, B) {
  reg[a] *= reg[a + 1];
  NEXT;
}
CASE(OP_DIV, B) {
  reg[a] /= reg[a + 1];
  NEXT;
}
```

接著用同樣的方式，我們在 test/test_math.h 裡面加入對應的測試方法定義。

```
// ...
void test_opcode_add();
void test_opcode_addi();
void test_opcode_sub();
void test_opcode_subi();
void test_opcode_mul();
void test_opcode_div();
// ...
```

最後在 test/test_math.c 裡面加入測試程式，礙於篇幅的關係，會省略 mrbc 產生的部分。

```c
void test_opcode_add() {
  const uint8_t bin[] = {
    /**
     * # Ruby Code
     * 1 + 100
     */
    // ...
  };

  int ret = mrb_exec(bin + 34);

  TEST_ASSERT_EQUAL_UINT32(101, ret);
}

void test_opcode_addi() {
  const uint8_t bin[] = {
    /**
     * # Ruby Code
     * 100 + 2
     */
    // ...
  };

  int ret = mrb_exec(bin + 34);

  TEST_ASSERT_EQUAL_UINT32(102, ret);
}

void test_opcode_sub() {
  const uint8_t bin[] = {
    /**
     * # Ruby Code
```

```
      * 100 - 99
      */
      // ...
    };

    int ret = mrb_exec(bin + 34);

    TEST_ASSERT_EQUAL_UINT32(1, ret);
}

void test_opcode_subi() {
    const uint8_t bin[] = {
      /**
       * # Ruby Code
       * 100 - 1
       */
      // ...
    };

    int ret = mrb_exec(bin + 34);

    TEST_ASSERT_EQUAL_UINT32(99, ret);
}

void test_opcode_mul() {
    const uint8_t bin[] = {
      /**
       * # Ruby Code
       * 10 * 10
       */
      // ...
    };

    int ret = mrb_exec(bin + 34);
```

```
    TEST_ASSERT_EQUAL_UINT32(100, ret);
}


void test_opcode_div() {
  const uint8_t bin[] = {
    /**
     * # Ruby Code
     * 9 / 3
     */
    // ...
  };


  int ret = mrb_exec(bin + 34);


  TEST_ASSERT_EQUAL_UINT32(3, ret);
}
```

　　同樣的，我們在 test/test_main.c 加入 RUN_TEST 的設定，然後執行 PlatformIO 的測試驗證結果，到這邊為止，我們的虛擬機器就能夠進行正常的四則運算。

　　不過，其實這樣還不足夠，在 Ruby 的世界中每個數字都會是一個物件，後面的章節中，我們會重新修改這邊的實作來讓它變成「變數」，進而能夠和其他物件或者行為互動。

▪MEMO▪

08.
CHAPTER

邏輯判斷

　　在進入更複雜的處理之前，我們可以先把邏輯判斷的處理實現出來，如此我們就能夠用我們的虛擬機器進行一些簡單的邏輯處理。

　　和能夠處理數學計算的虛擬機器相同，我們可以透過實作邏輯判斷相關的 OPCode 來處理，跟之前的處理相同，找出邏輯運算相關的處理，然後加入到 include/opcode.h 裡面，這邊我們會找出「相等」這類 OPCode 以及能對數字比較的「大於」這類 OPCode，來加入到我們的 OPCode 實作之中。

```
enum {
  // ...
  OP_DIV,
  OP_EQ,
  OP_LT,
  OP_LE,
  OP_GT,
  OP_GE,
};
```

　　這類處理剛好在 OP_DIV 的後面，因此我們直接在後面加上 OP_EQ 等邏輯判斷用的 OPCode，然後開啟 src/vm.c 把我們的邏輯實作進去，因為還只有數字處理的部分，因此也相對簡單。

```
// ...
    CASE(OP_EQ, B) {
      reg[a] = reg[a] == reg[a + 1];
      NEXT;
    }
    CASE(OP_LT, B) {
      reg[a] = reg[a] < reg[a + 1];
      NEXT;
    }
    CASE(OP_LE, B) {
      reg[a] = reg[a] <= reg[a + 1];
```

```
        NEXT;
    }
    CASE(OP_GT, B) {
        reg[a] = reg[a] > reg[a + 1];
        NEXT;
    }
    CASE(OP_GE, B) {
        reg[a] = reg[a] >= reg[a + 1];
        NEXT;
    }
// ...
```

　　根據 mruby 文件的描述將判斷放到裡面，在之後的實作中判斷會越來越複雜，像是碰到非數字的比較等情況，然而現在只有數字上的處理，先用少量的程式實作，讓它運作後再重構，會比之後變得複雜再處理來得更加容易。

　　增加 test/test_condition.h，來定義這次我們想測試的行為。

```
#ifndef TEST_CONDITION_H
#define TEST_CONDITION_H

#include<unity.h>
#include<vm.h>

void test_opcode_eq();
void test_opcode_lt();
void test_opcode_le();
void test_opcode_gt();
void test_opcode_ge();

#endif
```

　　接著實作 test/test_condition.c 和更新 test/test_main.c，來加入我們的測試本體進行測試。

```c
#include "test_condition.h"

void test_opcode_eq() {
  const uint8_t bin[] = {
    /**
     * # Ruby Code
     * 1 == 1
     */
    // ..
  };

  int ret = mrb_exec(bin + 34);

  TEST_ASSERT_EQUAL_UINT32(1, ret);
}

void test_opcode_lt() {
  const uint8_t bin[] = {
    /**
     * # Ruby Code
     * 10 < 1
     */
    // ..
  };

  int ret = mrb_exec(bin + 34);

  TEST_ASSERT_EQUAL_UINT32(0, ret);
}
void test_opcode_le() {
  const uint8_t bin[] = {
    /**
     * # Ruby Code
     * 1 <= 10
     */
    // ..
```

```
  };

  int ret = mrb_exec(bin + 34);

  TEST_ASSERT_EQUAL_UINT32(1, ret);
}
void test_opcode_gt() {
  const uint8_t bin[] = {
    /**
     * # Ruby Code
     * 10 > 9
     */
    // ..
  };

  int ret = mrb_exec(bin + 34);

  TEST_ASSERT_EQUAL_UINT32(1, ret);
}
void test_opcode_ge() {
  const uint8_t bin[] = {
    /**
     * # Ruby Code
     * 1 >= 9
     */
    // ..
  };

  int ret = mrb_exec(bin + 34);

  TEST_ASSERT_EQUAL_UINT32(0, ret);
}
```

接下來，一樣執行測試來驗證我們的修改是否正常，應該會看到測試執行成功的
訊息。

▪MEMO▪

09.

CHAPTER

變數

9.1 資料封裝

9.2 整數變數

9.3 布林值變數

接下來我們要實作 Ruby 這類語言的一個核心功能「變數」，透過 Ruby 這類弱型別語言在變數上的特殊機制，讓我們可以不用每一個變數都要定義型別，使用起來也不會有太多的限制，雖然讓應用變得簡單，但我們還是會付出一些代價，在實作變數機制的過程中，可讓我們了解這類語言在變數上的特性是如何的。

9.1　資料封裝

我們在 mruby 中會找到一些檔名叫做「boxing_」的標頭檔，在 mruby 的設計中，因為要用於各種 IoT 裝置，難免會碰到一些硬體上的限制，因此特別設計了三種不同的方式來表示一個 Ruby 變數，受限於篇幅，我們只會討論最容易處理的 boxing_no.h」[*1] 版本，也就是直接使用 C 語言 struct 原始特性的方式處理。

```
union mrb_value_union {
#ifndef MRB_WITHOUT_FLOAT
  mrb_float f;
#endif
  void *p;
  mrb_int i;
  mrb_sym sym;
};

typedef struct mrb_value {
  union mrb_value_union value;
  enum mrb_vtype tt;
} mrb_value;
```

＊1　(URL) https://github.com/mruby/mruby/blob/2.1.2/include/mruby/boxing_no.h

　　在這段 mruby 的原始碼中，我們會看到定義了一個叫做「mruby_value_union」的 union 結構，然後再把它套用到 mruby_value 這個結構之中，因此我們需要先討論 union 是一個怎樣的概念。

　　首先，在這個結構中有四種資料類型，分別是 mrb_float、void、mrb_int、mrb_sym 等，假設每一個資料的大小都是 4 bytes 好了，我們會很直覺地認為這是 16 bytes 的資料大小，其實 union 的效果就跟它的意思「合併」一樣，我們會把這些資料套用，再一起變成一個 4 bytes 大小的資料。

　　舉例來說，假設一個 mrb_value 的類型是整數，那麼我們只需要用到 mrb_int 的資料，其他的 mrb_float 或者 mrb_sym 實際上都是用不到的，因此利用 union 來將這些資料的記憶體重複利用，因為我們一次只會使用到其中一種。

　　那麼，當這些資料長度不同的時候，基本上就可以認為是取「最大」的那個資料當作最大值，如此一來，就不用占用多餘的記憶體來儲存變數資訊。

　　這裡 mrb_value 的設計實際上非常單純，是一個類型（mrb_vtype）及資料本身（mrb_value_union）組合而成。

　　接下來，要在我們的虛擬機器中加入我們自己的設計，初期只需要儲存整數及布林值來對應我們前面實作的數學、邏輯處理的功能。

9.2　整數變數

　　新增 include/value.h，來加入變數相關的資料結構定義。

```
#ifndef MVM_VALUE_H
#define MVM_VALUE_H

enum mrb_vtype {
```

```
    MRB_TYPE_FALSE = 0,

    MRB_TYPE_TRUE,

    MRB_TYPE_FIXNUM,

};


typedef struct mrb_value {

  union {

    int i;

  } value;

  enum mrb_vtype type;

} mrb_value;


static inline mrb_value mrb_fixnum_value(int i) {

  mrb_value v;

  v.type = MRB_TYPE_FIXNUM;

  v.value.i = i;

  return v;

}


#endif
```

我們參考前面章節讀到的 mrb_value 方式，先定義必要的資訊，這邊我們特別將整數（在 Ruby 中叫做「Fixnum」）放在 TRUE 和 FALSE 後面，這是 Ruby 在設計上的巧思，我們在後面實作布林值的時候會討論到。

因為要將整數存到 mrb_value 裡面，需要做一些對應的定義，因此再增加了 mrb_fixnum_value 函式來輔助我們設定類型、儲存數值。

因為會被 src/vm.c 使用到，因此要先更新 include/vm.h 來引用 value.h 這個檔案。

```
#include "irep.h"

#include "value.h"


// ...
```

接下來我們要修改 src/vm.c 這個檔案，將原本直接存入整數的部分修改成使用 mrb_value 來儲存。因為要修改的地方很多、但不複雜，因此會重點式說明要修改的地方，詳細的程式碼請參考 GitHub 第九章的內容。

```
mrb_value mrb_exec(const uint8_t* bin) {
```

首先是將原本回傳 int 的 mrb_exec 改為回傳 mrb_value 作為代替。

```
mrb_value reg[irep->nregs];
```

原本的 int reg 也要修改為 mrb_value reg，經過了這個階段後，原本只能儲存整數資訊的暫存器就能夠處理不同類型的資訊。

接著將所有可以看到的 reg[a] = b 這類語法，都用 mrb_fixnum_value 來改寫，像是下面這段程式碼一樣：

```
CASE(OP_LOADI, BB) {
  reg[a] = mrb_fixnum_value(b);
  NEXT;
}
```

如果是數學運算的部分，我們則要改為從 value.i 取出實際的整數數值來計算。

```
CASE(OP_ADD, B) {
  reg[a] = mrb_fixnum_value(reg[a].value.i + reg[a + 1].value.i);
  NEXT;
}
```

看起來似乎不是那麼直覺，然而就現階段已經足夠我們使用，之後再進行重構即可。除了整數之外，因為我們還沒有實作定義布林值的變數，因此暫時將原本邏輯判斷的結果也用 0 和 1 來表示。

```
CASE(OP_EQ, B) {
    reg[a] = mrb_fixnum_value(reg[a].value.i == reg[a + 1].value.i);
    NEXT;
}
```

在 C 語言中，因為沒有 true 和 false 的概念，因此比較的結果可以直接被替換成 0 和 1，因此就可以像這樣直接轉換成 mrb_fixnum_value 可以處理的資訊。

而我們在 mrb_exec 的最後有一個預設的回傳值，假設前面的程式都沒有順利執行到（機率很低），就會執行到這個位置，因此我們至少要回傳一個 nil 給呼叫的人，現在我們還沒有 nil 的概念，因此先用一個空的 mrb_value 作為替代。

```
// TODO: Next refactor to return nil
mrb_value v;
return v;
}
```

接著，會發現我們的測試完全無法運作，這是因為原本的 int ret 需要改成 mrb_value ret，以及比對回傳結果的方式也要從 ret 改為 ret.value.i，因此我們需要將 test/test_vm.c、test/test_math.c、test/test_condition.c 這幾個有使用到 mrb_exec 的檔案重構。

由於要修改的地方也非常多，因此這邊以 test/test_vm.c 作為例子。

```
#include "test_vm.h"

void test_mrb_exec() {
    const uint8_t bin[] = {
        // mrbc -B bin add.rb
        // ...
    };

    mrb_value ret = mrb_exec(bin + 34);
```

```
  TEST_ASSERT_EQUAL_UINT32(2, ret.value.i);
}
```

如此一來，我們就從原本的單純整數處理，轉換到了跟 Ruby 的變數類似的處理機制，雖然還很陽春，但是我們的 Ruby 已經可以簡單的自動判斷型別。

9.3　布林值變數

在前一個小節中，我們加入了 MRB_TT_TRUE 和 MRB_TT_FALSE 的設定，因此不難猜到如何產生 true 和 false 這兩個數值，然而在這邊我們會用另一個比較特別的方式進行設定，我們打開 include/value.h 來加入以下的內容：

```
#define SET_VALUE(o, ttt, attr, v) do {\
  (o).type = ttt;\
  (o).attr = v;\
} while(0)

#define SET_NIL_VALUE(r) SET_VALUE(r, MRB_TYPE_FALSE, value.i, 0)
#define SET_FALSE_VALUE(r) SET_VALUE(r, MRB_TYPE_FALSE, value.i, 1)
#define SET_TRUE_VALUE(r) SET_VALUE(r, MRB_TYPE_TRUE, value.i, 1)
#define SET_INT_VALUE(r, n) SET_VALUE(r, MRB_TYPE_FIXNUM, value.i, (n))

#define IS_FALSE_VALUE(r) (r.type == MRB_TYPE_FALSE)

#define mrb_fixnum(o) (o).value.i
#define mrb_int(o) mrb_fixnum(o)

static inline mrb_value mrb_nil_value(void) {
  mrb_value v;
  SET_NIL_VALUE(v);
```

```
    return v;
  }

  static inline mrb_value mrb_fixnum_value(int i) {
    mrb_value v;
    SET_INT_VALUE(v, i);
    return v;
  }
```

除了最後的 mrb_fixnum_value 稍微修改之外，其他都是新加入的程式，而且幾乎都是巨集的實作，透過這些實作，讓我們在處理變數的時候會變得容易很多。

以 SET_INT_VALUE 來說，原本需要用 v.type = MRB_TYPE_FIXNUM」和 v.value. i = i」兩行程式才能設定數值，現在只要用 SET_INT_VALUE(v, i)」就可以解決，而且如果要轉換一個變數的型別，也只需要用 SET_INT_VALUE(reg[a], i)」就可以了！

至於 SET_VALUE 這個巨集，使用了一個有趣的技巧，當我們有一段程式碼有多行的時候希望是一組的執行，就可以用 do { } while(0) 的方式來處理，因為在 C 語言中巨集基本上可以被視為替換文字的工具，也因此有可能會跟巨集附近的程式碼混合。

在 mruby 的原始碼中，很多地方都會用 do … while 的方式來確保執行時是一組的，而且不會跟其他程式碼混合到。

接下來我們可以更新 src/vm.c 的實作，將 OP_EQ 這幾個需要判斷為布林值的數值用布林值代替整數儲存進去。

```
    CASE(OP_EQ, B) {
      if(mrb_int(reg[a]) == mrb_int(reg[a + 1])) {
        SET_TRUE_VALUE(reg[a]);
      } else {
        SET_FALSE_VALUE(reg[a]);
      }
```

```
    NEXT;
  }
  CASE(OP_LT, B) {
    if(mrb_int(reg[a]) < mrb_int(reg[a + 1])) {
      SET_TRUE_VALUE(reg[a]);
    } else {
      SET_FALSE_VALUE(reg[a]);
    }
    NEXT;
  }
  CASE(OP_LE, B) {
    if(mrb_int(reg[a]) <= mrb_int(reg[a + 1])) {
      SET_TRUE_VALUE(reg[a]);
    } else {
      SET_FALSE_VALUE(reg[a]);
    }
    NEXT;
  }
  CASE(OP_GT, B) {
    if(mrb_int(reg[a]) > mrb_int(reg[a + 1])) {
      SET_TRUE_VALUE(reg[a]);
    } else {
      SET_FALSE_VALUE(reg[a]);
    }
    NEXT;
  }
  CASE(OP_GE, B) {
    if(mrb_int(reg[a]) >= mrb_int(reg[a + 1])) {
      SET_TRUE_VALUE(reg[a]);
    } else {
      SET_FALSE_VALUE(reg[a]);
    }
    NEXT;
  }
```

　　雖然程式碼變得稍微長，然而我們的虛擬機器已經支援了布林值、整數兩種變數型態，除此之外還支援了 nil（無，不存在）的概念，而這就要提到我們在 include/value.h 裡面實作的布林值實作。

```
#define SET_NIL_VALUE(r) SET_VALUE(r, MRB_TYPE_FALSE, value.i, 0)
#define SET_FALSE_VALUE(r) SET_VALUE(r, MRB_TYPE_FALSE, value.i, 1)
#define SET_TRUE_VALUE(r) SET_VALUE(r, MRB_TYPE_TRUE, value.i, 1)
```

　　在這邊我們會發現 nil 和 false 的類型都是 MTB_TYPE_FALSE，但儲存在其中的數值不同，一個是 0，一個是 1，而且 true 也是儲存 1，這樣就巧妙的表示了 nil 的概念。在程式語言中，null 或者 nil 通常表示為「空」，也就是不存在的概念，同時 true 和 false 則是存在的，但具備了「是、否」兩種狀態，因此 mruby 在這邊將數值設定成 1 來表示「存在」，用 0 表示「不存在」的概念。

```
#define IS_FALSE_VALUE(r) (r.tt == MRB_TYPE_FALSE)
```

　　也因此，在巨集中一起被定義，用來檢查是否為 false 的巨集只會確認類型是否為 MRB_TYPE_FALSE，而不會檢查其他資訊，在我們習慣的 Ruby 中，false 和 nil 都可以視為 false 其他的東西，即使是「空陣列」，也還是有「陣列」存在這個事實，透過這樣的方式便巧妙表達了 true、false、nil 這三個概念，而且 MRB_TYPE_FALSE 和 MRB_TYPE_TRUE 的數值各自剛好也對應了 0 和 1，讓人不禁驚嘆整個原始碼在設計上的巧思。

10.

CHAPTER

字串讀取

10.1　資料讀取

10.2　顯示文字

　　距離我們開始實作 mruby 的物件還有一段路要走，在這之前我們需要能夠將 IREP 內的資料讀取出來，像是字串、符號（Symbol）這類資訊，如果缺少了這些資訊，我們在定義方法時就只會知道一個編號，但無法確認是哪一個方法。

10.1 資料讀取

　　這次我們要處理的是前面介紹 IREP 介紹時提到的資料區段，我們會實作一個 irep_get 函式來幫助我們取出想要的資訊。打開 include/irep.h，然後加入新的函式定義。

```
#define IREP_TYPE_SKIP    0
#define IREP_TYPE_LITERAL 1
#define IREP_TYPE_SYMBOL  2
#define IREP_TYPE_IREP    3


#define SKIP_PADDING() do {\
  size_t align = sizeof(uint32_t);\
  p += -(intptr_t)p & (align - 1);\
} while(0)

// ...

const uint8_t* irep_get(const uint8_t* p, int type, int idx);
```

　　在這邊我們除了加入 irep_get 的方法定義之外，還加入了四個巨集，用來表示四種 IREP 資料的類型，分別是跳過（Skip）、文字（Literal）、符號（Symbol）以及 IREP 本身。

　　這次我們要處理的是從一整段連續的資料找到我們「預期」的部分，然後擷取出來回傳。舉例來說，我們在 Ruby 中定義了兩段文字 abc 和 def 在 mruby 會用 abcdef 的形式儲存起來，因此我們會需要將 abc 擷取出來，才會是正確的文字。

接下來我們更新 src/irep.c 的內容，加入關於從 IREP 內容取得資料的實作。

```c
#include<opcode.h>

// …

const uint8_t* irep_get(const uint8_t* p, int type, int idx) {
  READ_L(); // Size
  READ_S(); // nlocals
  READ_S(); // nregs
  uint16_t nirep = READ_S(); // nirep

  uint32_t codelen = READ_L();
  SKIP_PADDING();
  p += codelen;

  {
    uint32_t npool = READ_L();
    if (type == IREP_TYPE_LITERAL) {
      npool = idx;
    }

    for(int i = 0; i < npool; i++) {
      uint8_t type = READ_B();
      uint16_t size = READ_S();
      p += size;
    }

    if(type == IREP_TYPE_LITERAL) {
      return p;
    }
  }

  {
    uint32_t nsym = READ_L();
```

```
      if(type == IREP_TYPE_SYMBOL) {
        nsym = idx;
      }

      for(int i = 0; i < nsym; i++) {
        uint16_t size = READ_S();
        p += size;
      }

      if(type == IREP_TYPE_SYMBOL) {
        return p;
      }
    }

    {
      if(type == IREP_TYPE_IREP) {
        nirep = idx;
      }

      for(int i = 0; i < nirep; i++) {
        p = irep_get(p, IREP_TYPE_SKIP, 0);
      }

      if(type == IREP_TYPE_IREP) {
        return p;
      }
    }

  return p;
}
```

　　這段程式碼看起來非常長，其實主要分為兩個部分。前半部是和 irep_read_header 相同的處理，不同的地方在於我們跳過了不需要儲存的資料，以及因為已經實作了 include/opcode.h 的 READ_ 類型巨集，改用巨集處理，因此構成了這段程式碼。

```
// ...
  READ_L(); // Size
  READ_S(); // nlocals
  READ_S(); // nregs
  uint16_t nirep = READ_S(); // nirep

  uint32_t codelen = READ_L();
  SKIP_PADDING();
  p += codelen;
// ...
```

因為 IREP 中還會包含其他的 IREP，所以我們知道還有多少個 IREP 被包含在內，除此之外，我們需要知道 OPcode 的總長度，因此在 mrb_exec 實作時跳過的 codelen 數值會在這邊被讀取，同時處理 Padding（對齊資料）的實作也被使用了兩次，就順便重新改寫為巨集的版本。

前半部幫我們將資料移動到 IREP 的資料區段之後，我們將需要的資料讀取出來，目前會處理的分別是 POOL（Literal）、SYMBOL、IREP 等三種類型，同時資料是連續的，因此會重複三次判斷，以不同的條件來處理。

```
{
    uint32_t npool = READ_L();
    if (type == IREP_TYPE_LITERAL) {
      npool = idx;
    }

    for(int i = 0; i < npool; i++) {
      uint8_t type = READ_B();
      uint16_t size = READ_S();
      p += size;
    }

    if(type == IREP_TYPE_LITERAL) {
      return p;
```

```
      }
   }
```

這段程式碼會先讀取 POOL 類型資料的總長度，假設是要讀取字串（Liberal）的話，則會把它設定到要讀取的位置，像是 1（第二個字串），接下來就會進行一個迴圈處理 N - 1 次的讀取，每次都將指標移動到資料的末端，等這些處理都結束後，回傳的指標就會是我們希望讀取的資料起始。

使用相同的方式處理 SYMBOL 和 IREP，就能夠根據資料類型讀取出我們預期的資料，稍微特別一點的是 IREP 的讀取，可發現它會再次使用 irep_get 讀取，並且用 SKIP 類型傳入，剛好就是完整讀取過一個 IREP，然後跳過這一個的意思。

在 mruby 的作法中，會在載入 mrb 的二進位資料時，就先將這些資訊和位置對應存到記憶體中，如果是在樹莓派或者電腦中，這樣的資訊並不是什麼非常占用記憶體的行為，但如果是在微控制器上，假設我們有一個 2 MB 的 ROM 可以儲存程式進去，實際執行時可能只有 128 KB 的記憶體，就不太可能將資料一口氣讀取到記憶體暫存加速，取而代之的是用 CPU 和 I/O 的時間去換可以使用的記憶體，雖然會執行得比較慢，但微控制器處理的東西本身不會太過複雜，因此還在接受的範圍之中。

接下來我們一樣要加上測試驗證，以免在後續的擴充中無法確定是否有功能異常或者錯誤。打開 test/test_irep.h 來加入新的測試項目。

```
void test_irep_get_literal();
void test_irep_get_symbol();
```

因為 IREP 資料的實作相對複雜很多，因此我們的測試會在之後補上，這邊先針對我們目前會碰到的字串、符號兩種情況進行測試。開啟 test/test_irep.c 來加入對應的測試實作。

```
void test_irep_get_literal() {
  const uint8_t bin[] = {
```

```
  // "hello world"
  // …
};


const uint8_t* p = irep_get(bin + 34, IREP_TYPE_LITERAL, 0);
int type = READ_B();
uint16_t size = READ_S();


char res[size + 1];
memcpy(res, p, size + 1);


TEST_ASSERT_EQUAL_STRING("hello world", res);
}


void test_irep_get_symbol() {
  const uint8_t bin[] = {
    // :name
    // …
  };


  const uint8_t* p = irep_get(bin + 34, IREP_TYPE_SYMBOL, 0);
  uint16_t size = READ_S();


  char res[size + 1];
  memcpy(res, p, size + 1);


  TEST_ASSERT_EQUAL_STRING("name", res);
}
```

這次在使用 mrbc 產生二進位檔案的時候，如果有使用 -v（Verbose）模式，會看到有趣的訊息出現。

```
mruby 2.1.2 (2020-08-06)
00003 NODE_SCOPE:
00003   NODE_BEGIN:
```

```
00003     NODE_STR "hello world" len 11
irep 0x600002f64000 nregs=2 nlocals=1 pools=1 syms=0 reps=0 iseq=6
file: example.rb
    3 000 OP_STRING     R1      L(0)    ; "hello world"
    3 003 OP_RETURN     R1
    3 005 OP_STOP
```

在 mruby 中處理字串時，會看到使用了 L(0) 這樣的操作，而且 npools 也變成 1，這就是因為我們的資料並不會儲存在 ISEQ 區段（OPcode），而是用類似指標的方式指向了一個資料區段，當我們想要讀取的時候，就要去那個區域抓取資料出來使用，這跟 C 語言在幫我們處理文字和陣列的方式基本上是類似的。

這次的測試一樣會讀取 IREP Header 的區域，因此我們直接將二進位資料跳過 RITE Header 的部分傳進去，然後指定我們想要抓取的資料區段即可。

當完成這個步驟後，我們再根據回傳的指標（資料位置）先抓取對應的長度，把它複製（memcpy）到 char 陣列（C 語言沒有字串的概念，因此是文字的陣列，其實也就是字串的意思），再用測試框架的功能比對是否跟我們預期的文字相同。

至於複製的內容，最後會增加一個 char 單位的資料，這是為了放置「\0」（也就是 NULL）來作為結尾資訊，如此在 C 語言才能判斷這是一個完整的文字，而不用繼續往後讀取。

完成加入測試後，把新增的測試加到 test/test_main.c，來驗證是否能夠正常運作。

10.2 顯示文字

既然我們可以讀取字串，那麼也表示我們可以把這段文字印出來。要了解實作一個功能需要哪些 OPCode 的實作，我們可以利用 mrbc -v 的方式，像是 puts "Hello World" 這段程式碼會需要哪些實作。

```
mruby 2.1.2 (2020-08-06)
00003 NODE_SCOPE:
00003   NODE_BEGIN:
00003     NODE_FCALL:
00003       NODE_SELF
00003       method='puts' (2710343)
00003       args:
00003         NODE_STR "Hello World" len 11
irep 0x6000000b8050 nregs=4 nlocals=1 pools=1 syms=1 reps=0 iseq=12
file: example.rb
    3 000 OP_LOADSELF    R1
    3 002 OP_STRING      R2      L(0)    ; "Hello World"
    3 005 OP_SEND        R1      :puts   1
    3 009 OP_RETURN      R1
    3 011 OP_STOP
```

　　除了在前一個段落看到的 OP_STRING 之外，還多出了 OP_LOADSELF 和 OP_SEND 兩個需要實作，前者我們可以先無視，因此這次需要處理的是 OP_STRING 的處理以及 OP_SEND 的實作。

　　那麼為什麼 OP_LOADSELF 還不需要實作呢？這是因為對於 Ruby 來說，一切都是物件，也因此 puts 實際上是 Kernel 的方法，所以任何沒有定義在 Module（模組）和 Class（物件）的方法，實際上都是對 Kernel 這個模組做的擴充，然而我們還沒有物件、多層 IREP 處理的機制，因此還沒辦法實作任何東西，只能先將它跳過。

　　首先，因為字串需要一個 char 陣列儲存，因此我們要先將 mrb_value 擴充支援字串模式，因此先打開 include/value.h 進行擴充。

```
// ...
#include<string.h>
// ...
enum mrb_vtype {
  MRB_TYPE_FALSE = 0,
```

```
    MRB_TYPE_TRUE,

    MRB_TYPE_FIXNUM,

    MRB_TYPE_STRING,

  };


  typedef struct mrb_value {

    union {

      void *p;

      int i;

    } value;

    enum mrb_vtype type;

  } mrb_value;

  // …

  static inline mrb_value mrb_str_new(const uint8_t* p, int len) {

    mrb_value v;


    char* str = malloc(len + 1);

    memcpy(str, p, len);


    v.type = MRB_TYPE_STRING;

    v.value.p = (void*)str;


    return v;

  }

  //...
```

　　因為 char 陣列基本上就是一個指標，因此我們要在變數中加入第二種儲存方式，也是大多數情況會使用的儲存方式 —「指標」。

　　除此之外，因為我們要產生一個字串並不像大多數我們平常使用的程式語言那麼方便，我們需要先跟作業系統申請足夠放入我們所需字串的記憶體，接著將我們找到的文字區段複製到這個記憶體之中，最後設定我們的 mrb_value 為字串類型，再把指標設定到我們指定的那個字串上。

如果這樣完全不做處理的話，會出現 Memory Leak（記憶體洩漏）的狀況，在 C 語言的使用中通常需要自己管理，至於 Ruby 這類比較現代的語言，則會有所謂的 GC（垃圾回收）的機制來處理，在後面的章節中，我們會簡單介紹比較容易實作的版本來完成這個功能。

擴充完畢後，開啟 include/opcode.h，加入我們這次想處理的幾個 OPCode 到裡面。

```
enum {
  // ...
  OP_LOADSELF = 16,
  OP_SEND = 46,
  // ...
  OP_STRING = 79,
};
```

接下來我們要在虛擬機器中實作對應的機制。打開 src/vm.c，繼續擴充 mrb_exec 這個函式，直到我們將所有希望實現的功能都加入到裡面為止。

```
#include<stdio.h>
//…
      CASE(OP_LOADSELF, B) {
        // TODO
        NEXT;
      }
      CASE(OP_SEND, BBB) {
        const uint8_t* sym = irep_get(bin, IREP_TYPE_SYMBOL, b);
        int len = PEEK_S(sym);
        mrb_value method_name = mrb_str_new(sym +2, len);

        if(strcmp("puts", method_name.value.p) == 0) {
#ifndef UNIT_TEST
          printf("%s\n", (char *)reg[a + 1].value.p);
#endif
          reg[a] = reg[a + 1];
```

```
      } else {
        SET_NIL_VALUE(reg[a]);
      }
      NEXT;
    }
// …
    CASE(OP_STRING, BB) {
      const uint8_t* lit = irep_get(bin, IREP_TYPE_LITERAL, b);
      lit += 1; // Skip Type
      int len = PEEK_S(lit);
      lit += 2;

      reg[a] = mrb_str_new(lit, len + 1);

      NEXT;
    }
```

在這個階段的實作中，我們處理了三個指令。首先是 OP_LOADSELF，因為我們現在並沒有「物件」的概念，因此這個完全不影響我們的實作，確定指標有移動到正確的位置後，我們就可跳過。

接下來是 OP_STRING 這個指令，根據 mrbc -v 的資訊顯示，當我們使用 OP_LOADSELF 載入現在正在使用的物件後，接下來就是呼叫 OP_STRING，將我們想處理的字串印出來。

第一個步驟是使用上一個段落實作的 irep_get 函式讀取字串，拿到我們想讀取的資料所在的位置。因為回傳的資訊會有類型和長度的資訊，現在我們並不會儲存字串以外的資訊，因此直接對指標 +1，跳到長度資訊，當取得長度之後，再將指標移動到資料的位置上。

接下來就可以用我們前面在 include/value.h 定義的 mrb_str_new 函式，幫我們將字串從對應的位置開始來擷取我們所需要的長度，然後轉換成一個 mrb_value 資料回傳給我們。

最後是 OP_SEND 的實作，由於我們現在只有 OP_SEND 這個指令，因此只需要用 if / else 進行簡單的判斷即可，在未來我們會跟 mruby 一樣使用 khash 套件[*1]來進行可登記函式進行呼叫的實作。

在 Ruby 中，字串和符號是一個可以互換的概念，但符號本身是一個唯一的數值，因此 mruby 會在 IREP 載入時建立一個符號表，利用像是 1 = name, 2 = user 這樣的方式記錄，之後要取得某個符號時，就只需要用符號的 Index（索引）找出來。

不論是 Ruby 還是 mruby，在設計的考量上，都是以「記憶體充足」的狀況為前提，正因為如此才會有針對微控制器設計的 mruby/c[*2]出現，只使用 mruby 的十分之一記憶體，然而 mruby/c 目前只支援少部分日本主流的開發板，暫時無法自在的於想要使用的開發板中使用。

而 mruby-L1VM 選擇的方式則是我們在前面內容提到的，透過時間去換取空間的方式，每次重新去找一次資料。其實，微控制器上很多時候不一定要追求快速，也因此取得了一個還可以接受的狀態。

在這段程式中，比較特別的是我們加入了一個額外判斷，以決定要不要真的使用 printf 來把文字顯示出來。

```
#ifndef UNIT_TEST
        printf("%s\n", (char *)reg[a + 1].value.p);
#endif
```

這是因為我們使用了 PlatformIO 的測試框架，如果每次測試時都會顯示出東西，則會很干擾，因此我們額外加上了在非測試的狀況下才顯示訊息的判斷。

最後加入測試驗證，看我們的 puts 是否可以正常運作。新增 test/test_method.h，來針對內建的方法進行測試。

---

*1　khash 是包含在 klib 的雜湊表（Hash Table）實作，可以協助我們實現 Key-Value 的資料結構，而不需要自己實作對應的演算法。

*2　⒰ℝⓁ https://github.com/mrubyc/mrubyc

```
#ifndef TEST_METHOD_H
#define TEST_METHOD_H

#include<unity.h>
#include<vm.h>

void test_method_puts();

#endif
```

定義好測試函式後，加入我們的實作到 test/test_method.c 檔案中。

```
#include<opcode.h>
#include "test_method.h"

void test_method_puts() {
  const uint8_t bin[] = {
    // puts "Hello World"
    // …
  };

  mrb_value ret = mrb_exec(bin + 34);

  TEST_ASSERT_EQUAL_STRING("Hello World", ret.value.p);
}
```

最後更新 test/test_main.c 的內容，以讓測試執行，如果一切正常的話，就會看到測試通過的訊息。

雖然在測試的過程中，我們無法看到實際的文字顯示，然後我們在前面設計的 OP_SEND 會故意將傳入的數值當作回傳值，因此我們可以接續 OP_RETURN 回傳的數值拿到原本呼叫的文字，進一步比對我們呼叫到 puts，並且是正確的文字。

11.
CHAPTER

在 ESP8266 開發板上測試

11.1 撰寫主程式

11.2 執行虛擬機器

11.3 調整專案架構

11.4 整理檔案

經過這段時間的努力，我們終於可以在畫面上顯示出「Hello World」的文字，這也表示我們將這段時間實作的程式放到微控制器上執行的話，可以透過跟電腦連接的 Serial Port（序列埠）印出來的訊息看到這段文字。

我們採用 ESP8266 這片開發板，是因為台灣有一款 Maker 產品在這片開發板上執行 MicroPython，可讓使用者以 Python 控制連接在上面的硬體，然而 Ruby 卻無法在上面執行，因此決定嘗試在這塊開發板上執行 mruby 來作為實驗。

ESP8266 是經常被使用在 IoT 領域的晶片之一，裡面具備了基本的 WiFi 模組外，幾乎沒有其他額外的元件，因此價格非常實惠。除了 ESP8266 之外，基本上只要是 ROM 和 RAM 足夠的微控制器都可以用來測試，不一定要使用完全相同的開發板才可以進行實驗。

11.1　撰寫主程式

要讓我們寫的程式可以在開發板內順利執行，基本上要依照開發板支援的方式去撰寫一個進入點。如同我們前面開始練習定義的 main 或者測試的主要程序，都是因為我們約定好執行的時候，要去呼叫這個函式當作進入點。

ESP8266 支援兩種框架，一種是大家比較常聽到的 Arduino 來執行上面的程式，另外一個則是使用 RTOS，因為 Arduino 比較容易入門，因此我們在這邊會選擇使用 Arduino 來進行測試。

我們增加 src/main.cpp 這個檔案當作進入點，然後加入一段印出「Hello World」的程式，來確認我們可以順利將程式碼上傳到開發板中。

```
#include <Arduino.h>

void setup() {
```

```
  Serial.begin(9600);
}

void loop() {
  Serial.println("Hello World");
  delay(5000);
}
```

在這邊我們使用的 ESP8266 開發板設定的 Baudrate 為 9600，如果不是使用相同的設定或者不正常，可以去查一下購買開發板時給的資訊來調整數值。

在 Arduino 的進入點設計中，會先呼叫 setup() 函式來初始化運作環境，接下來會不斷呼叫 loop() 函式來更新，為了能夠更輕鬆看到輸出的訊息，我們選擇將訊息不斷印出來進行測試。

編輯完畢後，在 Visual Studio Code 裡面 PlatformIO 的介面點選「Upload」按鈕，將程式碼上傳到開發板中。完成之後點選「Monitor」按鈕，如圖 11-1 所示。

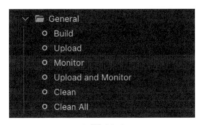

⋒圖 11-1

確認訊息有正常顯示出來，如果一切正確的話，會看到類似圖 11-2 所示的畫面。

Open source mruby-compiler Apache 2.0 license

∩圖 11-2

如果出現亂碼的話，也不用太緊張，有可能是讀取的時候讀取不完整，造成後續的顯示都是異常的，可以先重新點開幾次或者等待一段時間後，確認不是程式真的出錯，再繼續判斷是否要繼續。

11.2 執行虛擬機器

雖然根據我們前面的設計，會因為沒有正常釋放記憶體而發生錯誤，然而用來測試虛擬機器是否可以正常在開發板上運作已經足夠，因此我們可以開始著手改寫剛剛的主程式，引入我們實作到一半的虛擬機器，用 Ruby 產生「Hello World」的訊息。

首先，我們需要讓 include/vm.h 加入 C++ 支援，如果沒有定義將函式匯出給 C++ 的話，使用 C++ 的 Arduino 就無法呼叫到我們定義的函式。

```
#ifndef MVM_VM_H
#define MVM_VM_H

#include "irep.h"
#include "value.h"

#define CASE(insn,ops) case insn: FETCH_##ops ();;
```

```
#define NEXT break

#ifdef __cplusplus
extern "C" {
#endif

mrb_value mrb_exec(const uint8_t* irep);

#ifdef __cplusplus
}
#endif

#endif
```

　　這裡我們主要增加了 #ifdef __cplusplus 的判斷，以及 extern "C" 的定義，讓我們的 mrb_exec 可以在 main.cpp 裡面被正常呼叫。

　　接下來，更新 src/main.cpp 的內容，改為呼叫 mrb_exec 指令。

```
#include <Arduino.h>

#include<vm.h>

const uint8_t bin[] = {
    // puts "Hello World"
    // …
};

void setup() {
  Serial.begin(9600);
}

void loop() {
  mrb_exec(bin + 34);
```

```
    delay(5000);
 }
```

因為前面的測試，我們已經有事先轉換好的 mrb 二進位資料，可以執行 puts "Hello World" 這段程式碼，因此就先拿來沿用。

當我們嘗試編譯的時候，還會發現一些錯誤。這是因為 C++ 和 C 的語法檢查標準不太一樣，在我們處理 mrb_new_str 函式的時候，很順利將 malloc 產生的記憶體區段指派到 char* 的類型上，然而 malloc 實際產生的是一個 void*（可轉型為任意指標型態的指標）類型。在 PlatformIO 的 C++ 編譯器中，會要求我們明確的說明資料的格式，因此還需要稍微調整 mrb_new_str 的實作，打開 include/value.h 調整程式碼。

```
static inline mrb_value mrb_str_new(const uint8_t* p, int len) {
  mrb_value v;

  char* str = (char*)malloc(len + 1);
  memcpy(str, p, len);

  v.type = MRB_TYPE_STRING;
  v.value.p = (void*)str;

  return v;
}
```

完成之後，使用 Upload 功能將程式碼傳到開發板上，然後使用 Monitor 功能觀察是否有「Hello World」訊息被印出來，如果一切都正常的話，我們已經算是將自己製作的虛擬機器在開發板上運作起來。

11.3　調整專案架構

　　當可以順利將程式放到開發板上執行之後,我們馬上會注意到虛擬機器的原始碼
會和實際跑在開發板上的程式碼混在一起,如此未來我們想將虛擬機器移植到其他
專案時會不太方便,因此我們需要稍微調整一下專案的結構,把虛擬機器的程式碼
放到適合的位置中。

　　在 PlatformIO 的設計裡面,除了 src 和 include 目錄之外,還提供了 lib 目錄可以讓
我們放置第三方的專案檔案,因此我們現在要在 lib 目錄下新增一個資料夾,以放置
我們的虛擬機器原始碼。

　　我們這邊會用 mvm 當作名稱,大家可以根據自己的虛擬機器取一個喜歡的名字。
完成之後,我們將 src 和 include 的檔案都移動到 lib/mvm/src 和 lib/mvm/include 裡面,
以和跑在開發板上的主程式做區隔。

　　調整完畢後,目錄的結構預期會呈現像下面的樣子:

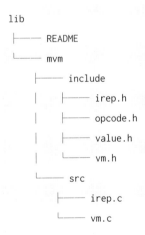

```
lib
├─── README
└─── mvm
     ├─── include
     │    ├─── irep.h
     │    ├─── opcode.h
     │    ├─── value.h
     │    └─── vm.h
     └─── src
          ├─── irep.c
          └─── vm.c
```

　　由於我們改動了專案的結構,因此接下來需要使用 PlatformIO 的測試功能來確認
是否可以正常執行,然而我們在執行的時候,會出現找不到 Arduino.h 的錯誤訊息,

這是因為 Arduino 只能在開發板上執行，因此我們需要調整一下測試用的 main.cpp，讓它只在正式執行的前提下發揮作用。

```
#ifndef UNIT_TEST
#include <Arduino.h>

#include<vm.h>

const uint8_t bin[] = {
  // puts "Hello World"
  // …
};

void setup() {
  Serial.begin(9600);
}

void loop() {
  mrb_exec(bin + 34);
  delay(5000);
}
#endif
```

作法和我們在前面章節中將訊息輸出隱藏起來的方法類似，透過檢查 UNIT_TEST 的定義來跳過處理這些程式碼。

在我們通過測試後，我們一樣使用上傳的功能，將程式碼傳到開發板中確認。在之後的章節中，我們除了會撰寫測試之外，也會定期放到開發板上進行驗證，以避免太大量的修改造成短時間無法找到出錯的原因。

這樣的技巧也是 TDD（Test-Driven Development）測試驅動開發提倡的小步前進，利用測試當作一個保險，在遇到錯誤的時候馬上倒退，然後重新來過，因此搭配版本控制（Version Control）工具會更容易進行開發，不過這類開發技巧不是我們要討論的主題，因此就此打住。

11.4　整理檔案

趁我們調整專案的結構，我們可以稍微整理一下虛擬機器的使用方式。在之前的開發過程中，我們需要測試 include/value.h，就會直接用 #include 引用進來，也就是說，需要什麼就引用什麼，假設我們的主要程式需要使用虛擬機器的功能，就會變成像下面這樣：

```
#include<irep.h>
#include<vm.h>
// ...

// …
```

然而，我們預期的應該是需要類似這樣的使用方式比較合理：

```
#include<mvm.h>

// …
```

我們只需要在使用 mvm.h 這個套件時，其他所需的東西會自動被載入進來，如果還需要去記憶有哪些東西要被引用，會讓使用變得非常不方便。

以 mruby 的設計，會採取核心功能加上額外擴充功能的方式進行設計，類似下面這樣：

```
#include<mruby.h>
#include<mruby/compile.h>

// …
```

如果只是單純想要執行 mrb 二進位檔案，並不需要載入 mruby/comple.h 這個檔案，仍然可以正常執行。假設我們希望在執行的過程中，同時也把 Ruby 程式碼轉換成 mruby 可以讀取的二進位資料，就需要載入 mruby/compile.h 這個檔案。

在我們的虛擬機器中，並不需要這麼複雜，首先是我們不會遇到需要編譯的狀況，因為我們從一開始就打算依靠 mruby 來幫我們達成這件事情；另一方面，我們設計的虛擬機器是比非常輕巧的 mruby 還更加輕巧的版本，如果還要再精簡的話，大概只剩下最簡單的數學計算功能。

先將原本 lib/mvm/include 內的 .h 檔案放到 lib/mvm/include/mvm 資料夾下，以和其他套件進行區分，否則如果兩個套件都有 string.h，則我們的編譯器會分不出來該用誰的版本，放到 mvm 目錄的話，就可以用 #include<mvm/string.h> 區分出來。

接下來，我們加入 lib/mvm/include/mvm.h 當作主程式的進入點，將所有會用到的標頭檔都一次性的載入。

```
#ifndef MVM_H
#define MVM_H

#include "mvm/opcode.h"
#include "mvm/value.h"
#include "mvm/irep.h"
#include "mvm/vm.h"

#endif
```

調整後，因為我們修改了檔案路徑因此需要將所有 .h 和 .c 檔案中使用到 #include 的地方加以更新。

修改 lib/mvm/include/mvm/vm.h 來調整路徑。

```
#include "mvm/irep.h"
#include "mvm/value.h"
```

```
// …
```

修改 lib/mvm/include/src/irep.c 來調整路徑。

```
#include<mvm.h>
```

```
// …
```

因為我們已經統一使用 mvm.h 載入所有的標頭檔，因此原本需要分開載入的標頭檔也可以直接使用 mvm.h 來一起載入。

接下來跟 irep.c 相同，修改 lib/mvm/include/src/vm.c 來調整路徑。

```
#include<stdio.h>
#include<mvm.h>
```

```
// ...
```

修改 lib/mvm/include/mvm/value.h，加入更正後的設定。我們在過去的開發過程中，因為剛好有載入到其他對應的檔案而讓功能正常，現在調整成恰當的順序後，就不一定剛好有被先載入到。

```
#include<stdlib.h>
#include<string.h>
```

```
// …
```

此時，我們想要執行測試會發生錯誤，這是因為測試載入的 Header 檔案也需要更新為 mvm/vm.h 或者 mvm.h 的規格，原本我們會預期這樣是很正常的處理，然而對 test/ 來說，測試的對象是 src/main.cpp 而不是 lib/mvm，因此會出現一些問題。而我們的目的在於製作可以在微控制器上運作的虛擬機器，因此借用了 PlatformIO 的功能來驗證虛擬機器的實作，實際上是不符合要求的。

在這個情況下，我們只需要調整 src/main.cpp 的設定，正確載入 mvm.h，就會因為被參考而自動讓原本要被測試的功能也一起恢復正常。

```
#include<mvm.h>

// …
```

接下來，就是找出所有 test/ 目錄下有呼叫到像是 #include<vm.h> 之類的語法，一律替換成 #include<mvm.h> 即可。

最後我們的專案結構會呈現下面這樣的狀態：

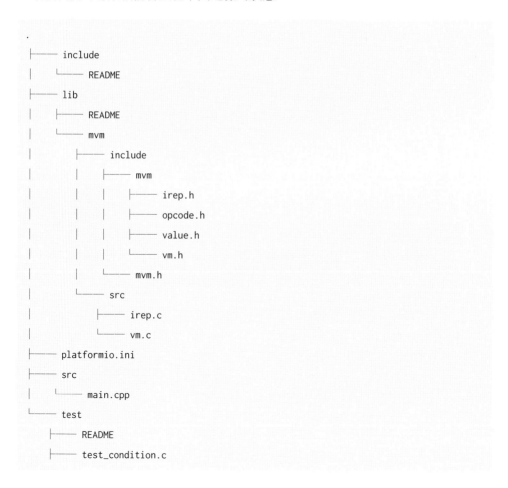

```
.
├── include
│   └── README
├── lib
│   ├── README
│   └── mvm
│       ├── include
│       │   ├── mvm
│       │   │   ├── irep.h
│       │   │   ├── opcode.h
│       │   │   ├── value.h
│       │   │   └── vm.h
│       │   └── mvm.h
│       └── src
│           ├── irep.c
│           └── vm.c
├── platformio.ini
├── src
│   └── main.cpp
└── test
    ├── README
    ├── test_condition.c
```

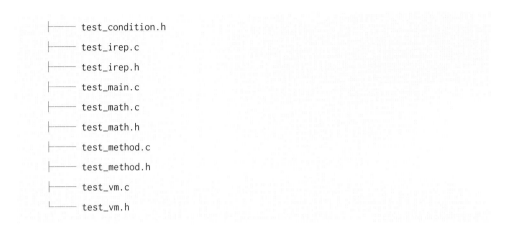

```
├──── test_condition.h
├──── test_irep.c
├──── test_irep.h
├──── test_main.c
├──── test_math.c
├──── test_math.h
├──── test_method.c
├──── test_method.h
├──── test_vm.c
└──── test_vm.h
```

　　如此一來，我們就可以順利的在電腦跟開發板上測試，同時也可以很容易將虛擬
機器移植到其他專案上使用。

▪MEMO▪

12.

CHAPTER

定義方法

12.1 klib

12.2 定義 Hash

12.3 方法查詢

12.4 在電腦測試

12.5 虛擬機器狀態

12.6 修復測試

當我們可以處理字串和呼叫方法後，接下來我們要讓程式可以自訂方法，這樣才能夠讓 Arduino 上面的程式被我們呼叫，對我們實作的虛擬機器來說，並不需要了解 Arduino 是什麼，完全依靠我們將 Arduino 對應的功能登記進去才得以發揮作用。

要能在我們的虛擬機器定義方法，我們會需要實作一個可以查詢方法名稱的資料結構，而如果是自己實作的話，還需要考慮到效能的問題，也因此我們可以參考 mruby 的方式，使用 klib 的 khash.h 來幫助我們實作 Hash Table（雜湊表[1]）的資料結構。

12.1 klib

klib 是一套開放原始碼的函式庫，裡面實作了資料結構，並且採用相對輕量化的演算法來進行處理，雖然 mruby 有使用 khash.h 來處理，但實際上更接近於 mruby 自己基於相同的理論實現了同樣的效果，這並不影響我們直接使用 klib 的 khash.h 來實現我們的虛擬機器功能。

然而，要讓 PlatformIO 辨識出 klib 會需要一些處理，在我們自己實作的虛擬機器中，是直接依照 PlatformIO 預期的 Library（函式庫）方式進行設計的，這表示我們需要一些額外的處置，才能順利讓 PlatformIO 辨識出來。

在 C 語言的專案中，並不像我們日常使用的 Ruby、Python、Node.js 這類比較高階、現代的語言有套件管理（Package Manager）可以使用，雖然 PlatformIO 有提供這樣的機制，然而需要定義 library.json 來描述函式庫該如何被引用，在這樣的前提下，我們也無法直接使用 PlatformIO 幫我們載入。

---

[1] 雜湊表是一種資料結構，可以用來儲存 Key-Value 的資料對應，在其他語言上可能被稱爲「Map」或者「Dictionary」，然而具體的讀取、寫入演算法實作可能會有差異。

受益於 Git 或者套件管理工具的好處，我們可以使用像是 Submodule 或者 Subtree 的機制來引入及管理，在本書中並不打算深入討論這樣的技巧，因此我們會採用最簡單直覺的方式，即直接將原始碼下載回來放到專案中設置。

因為我們使用的是開源的專案，因此建議大家要在使用時確定目錄中有存在該專案的 LICENSE（授權）檔案，同時確認是可以被免費使用（或者商用）再繼續使用，以免未來造成使用上的爭議，或者被迫公開原始碼，或者影響到引用你專案的其他專案。

開啟 klib 的 GitHub 頁面[*2]，找到「Download ZIP」按鈕，將專案下載回來，並且將檔案解壓縮後，放到 lib/klib/src 目錄下，然後新增 lib/klib/library.json，來告訴 PlatformIO 該如何正確載入這些第三方的原始碼。

```json
{
  "name": "klib",
  "build": {
    "srcFilter": "-<test/> -<lua/>",
    "libArchive": false
  }
}
```

我們在這裡告訴 PlatformIO 要將測試和 Lua 相關的檔案排除掉，因為我們並不需要使用到這些程式碼。

接下來修改 test/test_main.c，加入下面的程式碼，確認 PlatformIO 的編譯器可以正確偵測到 khash.h 這個檔案，以確保我們沒有因為設定錯誤，而讓 PlatformIO 無法幫我們正確參考這個函式庫。

```c
// ...
#include<khash.h>
```

---

*2　(URL) https://github.com/attractivechaos/klib

```
KHASH_MAP_INIT_INT(m32, char)
// ...
```

完成之後，執行測試看看是否正常，之後就可以刪掉這段程式碼，我們會將後續的處理放到實作的部分。

其實，在這邊我們是利用了 PlatformIO 的機制來載入 klib，如果希望製作成獨立的專案，則會放到我們的虛擬機器專案目錄 lib/mvm 中，作為一整包的參考，使用怎樣的方式會更適合，就交由各位讀者自行評估。

12.2 定義 Hash

借助 klib 的功能，我們可以很輕鬆定義一個 Hash 的結構，因為我們目前虛擬機器的實作還不太完整，因此只能用非常有限的方式來實作。

我們先新增一個 lib/mvm/include/mvm/class.h 的檔案，用來描述未來物件、方法的相關的實作。

```
#ifndef MVM_CLASS_H
#define MVM_CLASS_H

#include<khash.h>

#ifdef __cplusplus
extern "C" {
#endif

typedef mrb_value (*mrb_func_t)();

KHASH_MAP_INIT_STR(mt, mrb_func_t)
```

```
extern void mrb_define_method(const char* name, mrb_func_t func, struct kh_mt_s *methods);

#ifdef __cplusplus
}
#endif


#endif
```

在這個檔案中，我們透過 khash 的巨集 KHASH_MAP_INIT_STR 定義了一個叫做
「mt」（Method Table）類型的 Hash（雜湊）資料結構，Key（鍵值）是字串類型，
內容則是我們自訂的 mrb_func_t（Function Pointer，函式指標）類型。

接著加入定義 mruby 方法的函式聲明，接受方法名稱、對應的函式以及儲存所有
方法的資料結構，原本我們應該要定義在 RClass 這個資料結構上，用來對應 Ruby 的
Class 定義，然而我們還沒有對應的實作，因此直接定義一個全域的表來記錄。

接下來加入 lib/mvm/src/class.c 這個檔案，將定義方法的函式實作加入進去。

```
#include<mvm.h>

void mrb_define_method(const char* name, mrb_func_t func, struct kh_mt_s *methods) {
  int ret;
  khiter_t key = kh_put(mt, methods, name, &ret);
  kh_value(methods, key) = func;
}
```

這部分的實作並不複雜，首先我們使用 khash 的 kh_put 函式，嘗試將 name 放到 mt
類型的 methods 資料中，因為我們並不介意重複放入的情況，所以暫時無視 ret 的結
果，當 khash 回傳給我們所屬的 key 之後，利用 kh_value 巨集，將我們像要對應的函
式指標設定進去，如此我們就可以在未來用某段文字找到這個函式。

接下來我們要更新 vm.c，讓我們的虛擬機器在 OP_SEND 的狀況下，從寫死的查詢改為從 Method Table 來查詢，在這之前先更新 lib/mvm/include/mvm.h，把 class.h 引用進去。

```
// ...
#include "mvm/irep.h"
#include "mvm/class.h"
#include "mvm/vm.h"
```

大部分時候，標頭檔的引用順序並不會有太大的影響，然而當我們後面的呼叫有使用到前者定義的函式、資料結構時，就需要放在前面，因為虛擬機器相關實作會受到 class.h 定義的內容影響，所以我們選擇把引用的位置安排在 vm.h 之前。

為了讓 mrb_exec 知道當下參考的是哪一個 Method Table，我們需要更新 mrb_exec 函式來接受 Method Table 資訊的傳入，修改 lib/mvm/include/mvm/vm.h 調整定義。

```
mrb_value mrb_exec(const uint8_t* irep, struct kh_mt_s *methods);
```

接下來更新 mrb_exec 函式本體，加入以 Method Table 為基礎、查詢 Ruby 可用方法的 OP_SEND 實作。

```
mrb_value mrb_exec(const uint8_t* bin, struct kh_mt_s *methods) {
// …
    CASE(OP_SEND, BBB) {
      const uint8_t* sym = irep_get(bin, IREP_TYPE_SYMBOL, b);
      int len = PEEK_S(sym);
      mrb_value method_name = mrb_str_new(sym + 2, len);

      khiter_t key = kh_get(mt, methods, (char *)method_name.value.p);
      if(key != kh_end(methods)) {
        mrb_func_t func = kh_value(methods, key);
        func();
      } else if(strcmp("puts", method_name.value.p) == 0) {
```

```
#ifndef UNIT_TEST
        printf("%s\n", (char *)reg[a + 1].value.p);
#endif
        reg[a] = reg[a + 1];
      } else {
        SET_NIL_VALUE(reg[a]);
      }
      free(method_name.value.p);
      NEXT;
    }
// ...
```

我們保留了原本的 puts 方法定義，確保之前的測試不會被破壞（即使現在調整後暫時無法測試），然後加入 kash 的處理機制。我們先以 kh_get 查詢是否存在某個 Key，再跟 Method Table 比對，如果存在的話，則從 Method Table 取出對應的指標函數（mrb_func_t 類型），然後馬上進行呼叫。

緊接著我們要來更新 src/main.cpp，加入自訂的 C 語言函式，並且登記到我們的虛擬機器中，這次預訂增加一個叫做「cputs」的自訂方法，因此先用 mrbc 編譯一個單純呼叫 cputs 方法的程式片段，然後調整 src/main.cpp 為下面的樣子：

```
#ifndef UNIT_TEST
#include <Arduino.h>

#include<mvm.h>

#include <stdint.h>
#if defined __GNUC__
__attribute__((aligned(4)))
#elif defined _MSC_VER
__declspec(align(4))
#endif
```

```
const uint8_t bin[] = {
  // cputs
  // …
};

mrb_value c_puts() {
  printf("Hello World from C\n");

  return mrb_nil_value();
}

static struct kh_mt_s *mvm_methods;
void setup() {
  Serial.begin(9600);

  mvm_methods = kh_init(mt);
  mrb_define_method("cputs", c_puts, mvm_methods);
}

void loop() {
  mrb_exec(bin + 34, mvm_methods);
  delay(5000);
}
#endif
```

　　首先，我們加入了像是 __attribute__((aligned(4)))[3] 這樣的定義，這是因為我們之前測試的時候，都是直接從 mrbc 產生的檔案複製二進位的資料部分，然而隨著我們的實作變複雜之後，編譯出來的資料不一定剛好是對齊的狀態，因此在這邊參考 mrbc 產生的檔案來加入對應的設置，以避免有時編譯後出現異常的狀況。

　　這次的修改中，我們定義了一個 mvm_methods 的 Method Table 資訊，因為內容是不固定的，因此無法在編譯階段就產生出來，所以我們在 Arduino 框架的 setup 階段

---

*3　這是 GNU extension 用於在編譯時將資料對齊。

呼叫 kh_init，來幫助我們初始化 Method Table 資訊，並且使用 mrb_define_method 函式，將自訂的 c_puts 函式登記到 Method Table 中。

在執行階段，我們將 mvm_methods 傳遞給 mrb_exec，讓 OP_SEND 階段時，可以基於這個 Method Table 來查詢可用的方法。

像這樣動態定義的狀況不容易測試，因此我們先直接上傳到開發板上進行測試，等之後調整完畢結構後，再加入測試進行驗證。

12.3　方法查詢

在前面的小節中，我們實作了一個很簡單的 Method Table 機制，並且讓我們的虛擬機器得以呼叫以 C 語言定義的函式，在大多數物件導向語言中，通常都是用這樣的形式去登記及定義的，因此我們可以想像每一個物件都有一個下面這樣的表格（Method Table）。

方法名稱	記憶體位置
puts	0xAAEFEF01
pp	0xAAEFEE08

當我們想要呼叫 puts 的時候，虛擬機器就會去查詢是否有存在這個方法，而這個查詢對象就是我們先行跳過的 OP_LOADSELF 要實作儲存到暫存器中的物件實例。

假設在當下找不到物件，有繼承關係的物件導向語言就會對上層的物件再做一次查詢，直到找到為止，或者沒有找到而拋出錯誤。這是具有物件導向語言的特性，因為我們將許多可以對物件進行操作的「方法」登記到物件上，因此可以物件為單位進行一些行為，同時能夠存取「實例變數」來改變物件的狀態。而物件導向語言還具備了「繼承」的特性，因此透過繼承關係查詢被繼承的類型的方法也得以實現。

以 C++ 的 vtable 機制為例子，當我們使用了 virtual 關鍵字後，在 C++ 的類別中會多出一個 vtable 指標，指向一個 vtable 這個機制類似於我們實作的 Method Table 的行為。當我們呼叫一個方法時，會根據 vtable 指向的 vtable 找到對應的函式指標呼叫，和我們的 Method Table 機制不同的地方在於，vtable 所對應的方法如果不存在當下的類別，會直接指向繼承的類別相同方法的函式指標，而我們則會沿著繼承依序往上查詢 Method Table，直到找到可以呼叫的函式指標為止。

從前面的實作可以觀察到，現階段我們沒有辦法很好管理這些，也無法針對不同物件來進行區分，因此下一階段我們要實作的是 mrb_state 資訊，將這些東西都統一由虛擬機器來管理，同時也可以反應虛擬機器當下執行的狀態。

同時，在我們開始動手之前，需要先製作一個電腦也可以執行 Debug（除錯）的版本，相信大家在這個階段已經開始發現每次都要上傳到開發板上驗證有點花時間，雖然有測試輔助但也不能快速做簡單的驗證，因此我們要再加入一個可以在電腦上執行的模式來測試這件事情。

12.4　在電腦測試

這個版本的概念很簡單，我們調整 PlatformIO 的設定加入新的設定，同時利用 #ifdef 的機制判斷是跑在電腦還是開發板上，編譯出不同的執行檔版本來測試。

因為現在我們對 Arduino 的功能依賴不多，因此可以很簡單的實現，即使到了未來開始呼叫 Arduino 的功能，也可以在電腦上用印出文字的方式替代，來驗證是否有正確呼叫，並將需要實際呼叫時發生的問題留到上傳到開發板後再做修正。

首先，我們要修改 platformio.ini 這個檔案，對開發模式加入額外的選項，讓我們可以和測試模式一樣有 UNIT_TEST 這類參數，以作為參考來判斷。

```
[env:dev]
platform = native
test_build_project_src = true
build_flags = -D DEBUG

; …
```

接下來我們修改 src/main.cpp，用 #if 判斷將程式碼分為 Arduino 專用以及除錯專用的兩個版本。

```
#include<mvm.h>
#include<stdio.h>

#include <stdint.h>
#if defined __GNUC__
__attribute__((aligned(4)))
#elif defined _MSC_VER
__declspec(align(4))
#endif

const uint8_t bin[] = {
    // cputs
    // …
};

mrb_value c_puts() {
  printf("Hello World from C\n");

  return mrb_nil_value();
}

static struct kh_mt_s *mvm_methods;

#if defined(UNIT_TEST) || defined(DEBUG)
int main(int argc, char** argv) {
```

```
    mvm_methods = kh_init(mt);
    mrb_define_method("cputs", c_puts, mvm_methods);
    mrb_exec(bin + 34, mvm_methods);
}
#else
#include <Arduino.h>

void setup() {
  Serial.begin(9600);

  mvm_methods = kh_init(mt);
  mrb_define_method("cputs", c_puts, mvm_methods);
}

void loop() {
  mrb_exec(bin + 34, mvm_methods);
  delay(5000);
}
#endif
```

在這段修改過的程式碼中，我們先將共用的函式、mrb 二進位資料提取到檔案上方，然後再利用 #if 判斷是否處於 UNIT_TEST 或者剛剛自訂的 DEBUG 狀態，來決定要使用普通的 C 語言版本還是 Arduino 版本來執行。

完成這個步驟後，我們可以用 PlatformIO 的「Build」按鈕來產生執行檔案，然而在電腦上測試的版本本身不是 PlatformIO 預期的方式，也不像微控制器一旦上傳到晶片之後，就會自動開始執行，因此我們需要自己開啟命令面板（Terminal）呼叫我們的程式。

如圖 12-1 所示，在 PlatformIO 的 Quick Access 面板中可以找到「New Terminal」選項，點選之後可以開啟命令面板。在完成 Build 動作後，就能夠透過下達命令的方式，直接去呼叫我們產生的程式，如圖 12-2 所示。

🎧 圖 12-1

🎧 圖 12-2

　　PlatformIO 預設會將產生的檔案放在「.pio」的資料夾下，我們可以手動輸入「.pio/build/dev/program」[4]來呼叫我們的程式出來執行，檔案的路徑會根據 platformio.ini 的設定有所差異。在本書中，我們在電腦測試的環境名稱叫做「env」，也因此路徑會是「.pio/build/dev/program」，如果有自己設定不同的環境名稱，則要注意調整成對應的名稱，才得以正常呼叫。

---

[4]　在 Windows 環境下檔名為「.pio/build/dev/program.exe」，和 Unix 的作業系統會有差異。

12.5　虛擬機器狀態

解決了在電腦上進行簡單測試的問題後，我們需要再改進一下現在的 Method Table 管理，現在的方式是透過呼叫虛擬機器的人來自行建立，然而更加恰當的方式應該是由我們所設計的虛擬機器提供對應的 API（Application Interface，應用程式介面）來管理，最終目標則是在物件（RClass）資料上管理，現在可以先將這個資料移動到 mrb_state 結構上。

在前面小節中我們有提到，對於 mruby 的虛擬機器是有一個狀態來彙整當下執行的情況，因為我們已經有 mruby-L1VM 和 mruby 的原始碼可以作為參考，也因此我們可以很快的判斷 mrb_state 是一個必要的資訊，同時也能夠提供我們在實作物件之前管理 Method Table 的替代方案。

我們先更新 lib/mvm/include/mvm/vm.h，加入 mrb_state 的定義以及建立 mrb_state 和清除 mrb_state 的實作，除此之外，要將 mrb_exec 替換為使用 mrb_state 的版本。

```
// …
typedef struct mrb_state {
  struct kh_mt_s *mt;
} mrb_state;

extern mrb_state* mrb_open();
extern void mrb_close(mrb_state* mrb);

mrb_value mrb_exec(mrb_state* mrb, const uint8_t* irep);

// ...
```

因為我們暫時只需要登記 Method Table，所以只先在 mrb_state 中定義 Method Table 結構到裡面，在後續的擴充中，我們再繼續增加相應的實作到裡面。

接下來更新 lib/mvm/src/vm.c，加入關於 mrb_open 和 mrb_close 的實作，因為是動態產生的記憶體資訊，因此需要使用 malloc 申請記憶體以及透過 free 釋放記憶體。

```c
// ...
extern mrb_state* mrb_open() {
  static const mrb_state mrb_state_zero = { 0 };
  mrb_state* mrb = (mrb_state*)malloc(sizeof(mrb_state));

  *mrb = mrb_state_zero;
  mrb->mt = kh_init(mt);

  return mrb;
}

extern void mrb_close(mrb_state* mrb) {
  if(!mrb) return;

  kh_destroy(mt, mrb->mt);
  free(mrb);
}

mrb_value mrb_exec(mrb_state* mrb, const uint8_t* bin) {
// …
      CASE(OP_SEND, BBB) {
        const uint8_t* sym = irep_get(bin, IREP_TYPE_SYMBOL, b);
        int len = PEEK_S(sym);
        mrb_value method_name = mrb_str_new(sym + 2, len);

        khiter_t key = kh_get(mt, mrb->mt, (char *)method_name.value.p);
        if(key != kh_end(mrb->mt)) {
          mrb_func_t func = kh_value(mrb->mt, key);
          func();
        } else if(strcmp("puts", method_name.value.p) == 0) {
#ifndef UNIT_TEST
          printf("%s\n", (char *)reg[a + 1].value.p);
```

```
#endif
        reg[a] = reg[a + 1];
    } else {
        SET_NIL_VALUE(reg[a]);
    }
    free(method_name.value.p);
    NEXT;
}
// ...
```

在這邊有一個比較特殊的地方，我們看到在配置記憶體後，會將一個 mrb_state_zero 複製進去，這是因為我們使用 malloc 申請的記憶體不一定是「未使用」的狀態，它很可能是有其他程式使用過，或者是被我們剛剛使用過的記憶體。

在這樣的狀況下，我們存放在這個區段中的資料就很可能不一定是 NULL（空）的狀態，假設我們預期 puts 方法不存在，然而在非預期的資料中有機率剛好存在了一段叫做「puts」的字串被 khash 找到，然後回傳存在，當我們去找到對應的 mrb_func_t 函式指標的時候，就會遇到記憶體錯誤而發生問題，因此 mruby 在產生新的狀態時，會刻意「清空」來避免這樣的問題發生。

同樣的，mrb_define_method 也需要更新，因此我們也要打開 lib/mvm/include/mvm/class.h，調整內容為使用 mrb_state 的版本。

```
// ...
#include "mvm/vm.h"

// ...

extern void mrb_define_method(mrb_state* mrb, const char* name, mrb_func_t func);

// ...
```

因為 mrb_state 被我們定義在 vm.h 之中，因此需要額外引用進來。接下來，同樣將 lib/mvm/src/class.c 的實作也更新成使用 mrb_state 的版本。

```c
void mrb_define_method(mrb_state* mrb, const char* name, mrb_func_t func) {
  int ret;
  khiter_t key = kh_put(mt, mrb->mt, name, &ret);
  kh_value(mrb->mt, key) = func;
}
```

最後我們回到 src/main.cpp，將原本自行處理的 kh_init 改為使用 mrb_open 和 mrb_close 來進行管理，現階段看起來似乎跟以往沒有太大的差異，然而在未來的擴充，我們就不需要來回修改 src/main.cpp，只需要持續改善虛擬機器即可。

```cpp
// …
static mrb_state* mrb;

#if defined(UNIT_TEST) || defined(DEBUG)
int main(int argc, char** argv) {
  mrb = mrb_open();
  mrb_define_method(mrb, "cputs", c_puts);
  mrb_exec(mrb, bin + 34);
  mrb_close(mrb);
}
#else
#include <Arduino.h>

void setup() {
  Serial.begin(9600);

  mrb = mrb_open();
  mrb_define_method(mrb, "cputs");
}

void loop() {
```

```
    mrb_exec(mrb, bin + 34);
    delay(5000);
  }
#endif
```

這段程式碼比較特別的地方是，我們在 Arduino 版本中並沒有使用 mrb_close 的處理，這是因為在微控制器上執行，基本上不會有中止的狀態，而是會持續執行。如果每一次執行都要重新配置記憶體、登記方法，會非常浪費資源，因此會在啟動階段一次初始化完畢，之後就持續執行，也就是虛擬機器的狀態基本上不需要透過 mrb_close 釋放記憶體。

到這個階段，仍舊暫時無法使用測試機制幫忙驗證，還是需要借助手動上傳或者在電腦中直接測試的方式來確認，在下一個小節中，我們要將測試修正調整到可以被測試的版本。

12.6　修復測試

前面的實作是一個摸索的階段，幫助我們了解設計的脈絡，現在已經調整到接近 mruby 虛擬機器的設計，我們就可以安心的去撰寫測試。

首先，我們要調整以下幾個檔案，從直接呼叫 mrb_exec，改為初始化 mrb_state 後傳入的版本。

- test/test_condition.c

- test/test_math.c

- test/test_method.c

- test/test_vm.c

修改的內容就是找到 mrb_exec，並且調整為以下的版本：

```
mrb_state* mrb = mrb_open();
mrb_value ret = mrb_exec(mrb, bin + 34);
mrb_close(mrb);
```

修改完畢後，我們會遇到 main 函式重複的問題，因為我們在 src/main.cpp 也定義了一個本機測試的版本，因此還需要調整判斷條件，讓 main 的定義在測試模式不會生效。

```
// …
#ifdef DEBUG
#ifndef UNIT_TEST
int main(int argc, char** argv) {
  mrb = mrb_open();
  mrb_define_method(mrb, "cputs", c_puts);
  mrb_exec(mrb, bin + 34);
  mrb_close(mrb);
}
#endif
#else
// …
```

簡單來說，處理方式就是讓原本 #if defined(UNIT_TEST) || defined(DEBUG) 的判斷分開，先判斷是否處於 DEBUG 模式（在電腦上），接著再判斷是否為測試模式，如果不是測試模式，則加入 main 函式讓程式可以被執行；反之則是不做任何事情，讓測試程式定義的主程式被當作主程式執行，轉而執行測試。

如此一來，我們就完成了基本的方法定義，接下來的幾個章節我們會繼續擴充方法的實作，直到能夠執行一些基本的行為。

▪MEMO▪

13.

CHAPTER

方法參數

13.1 暫存資料管理

13.2 呼叫資訊

在上一個章節中，我們已經可以呼叫自訂的方法，然而無法傳遞任何資訊到裡面。而在本章中，我們的目標就是讓自訂的方法可以接收來自 Ruby 的參數資訊，將上一章節的 cputs 更新為像下面的形式。

```
cputs "Hello World from Ruby"
```

為此，我們需要可以保存參數的方式。在 mruby 的設計中，是以 mrb_callinfo 這個資料結構來達成的，裡面會記錄呼叫方法的相關資訊，像是總計的參數數量，透過這樣的方式，我們就可以知道傳入的參數有哪些。

13.1　暫存資料管理

原本我們在 mrb_exec 的實作中，是在 mrb_exec 函式中製作暫時的 reg 陣列來進行記錄，然而如果需要傳遞到其他方法中，就需要借助像是 mrb_state 或者 mrb_callinfo 的方式來進行。

在 mruby 裡面，會額外再製作一個叫做「mrb_context」的結構來進行管理，這樣的分工會比較明確一點。由 mrb_state 管理虛擬機器相關的資訊，由 mrb_context 管理某段程式執行的狀態（通常區域變數由此限定），再加上 mrb_callinfo 來管理呼叫的情報。

現階段我們只需要讓「mrb_exec 的暫存器資料」以及「一共有多少參數」這兩個資訊能夠被傳遞給我們要呼叫的方法，就足夠使用。

因此我們先來修改 mrb_state，將 reg 變數移動到其中，打開 lib/mvm/include/mvm/vm.h 調整結構體。

```
// ...
typedef struct mrb_state {
```

```
  struct kh_mt_s *mt;

  mrb_value* stack;
} mrb_state;
// ...
```

我們參考 mruby 的命名，將其稱之為「stack」，實際上就是一個 mrb_value 陣列，
這個命名也可以提供我們理解 Stack overflow（堆疊溢位）概念的線索。假設我們不
斷的呼叫方法，造成 stack（堆疊）不斷增長，那麼當堆疊超過虛擬機器的極限，就
會是溢位（Overflow）的狀況而發生錯誤。

接下來，我們調整 lib/mvm/src/vm.c 的實作，將原本的 reg 調整為使用 mrb_state 的
stack 的版本。

```
// ...
extern void mrb_close(mrb_state* mrb) {
  if(!mrb) return;

  kh_destroy(mt, mrb->mt);
  free(mrb->stack);
  free(mrb);
}

// ...
  // Register
  int32_t a = 0;
  int32_t b = 0;
  int32_t c = 0;
  mrb->stack = (mrb_value*)malloc(sizeof(mrb_value) * (irep->nregs -  1));

  for(;;) {

// ...
```

```
        CASE(OP_LOADI, BB) {
          SET_INT_VALUE(mrb->stack[a], b);
          NEXT;
        }
  // ...
```

我們先將 mrb_close 加入 free 語法，在 mrb_exec 被釋放之前，先將 mrb->stack 占用的記憶體釋放出來，之後就是將原本 reg[a] 的語法替換成 mrb->stack[a] 的寫法。因為我們的 mrb_exec 已經有一定量的內容，因此只列出一段 OPCode 改寫的範例作為參考，請將檔案中所有的 reg 替換成 mrb>stack，再進行測試即可。

13.2　呼叫資訊

完成調整後，我們就可以將呼叫資訊的實作也加入到 mrb_state 裡面，如此我們在自訂的方法中就可以此作為參考，從 mrb_state 裡面找出對應呼叫參數的部分。

要能夠抓取到參數，我們會需要兩個資訊，一個是參數的數量，另一個則是參數所屬的位置。在我們實作 puts 方法時，使用過 a, b 兩個數值，分別是 mrb->stack[a + 1] 表示參數的起始，而 b 則是方法名稱，最後沒有使用的 c 就是參數的數量，因此我們的 mrb_callinfo 至少要包含 mrb->stack[a + 1] 和 c 兩個資訊。

打開 lib/mvm/include/mvm/vm.h，加入 mrb_callinfo 的資料結構，並更新 mrb_state 來加入 mrb_callinfo 的設計。

```
typedef struct mrb_callinfo {
  int argc;
  mrb_value* argv;
} mrb_callinfo;

typedef struct mrb_state {
```

```
  struct kh_mt_s *mt;

  mrb_callinfo* ci;
  mrb_value* stack;
} mrb_state;
```

接下來調整 lib/mvm/src/vm.c 的內容，在 OP_SEND 階段加入製作 mrb_callinfo 的

處理，並且把 mrb_callinfo 的資訊存入 mrb_state，讓我們註冊進去的方法可以使用。

```
// …
     CASE(OP_SEND, BBB) {
         const uint8_t* sym = irep_get(bin, IREP_TYPE_SYMBOL, b);
         int len = PEEK_S(sym);
         mrb_value method_name = mrb_str_new(sym + 2, len);

         mrb_callinfo ci = {
           .argc = c,
           .argv = &mrb->stack[a + 1]
         };

         mrb->ci = &ci;

         khiter_t key = kh_get(mt, mrb->mt, (char *)method_name.value.p);
         if(key != kh_end(mrb->mt)) {
           mrb_func_t func = kh_value(mrb->mt, key);
           func(mrb);
         } else if(strcmp("puts", method_name.value.p) == 0) {
#ifndef UNIT_TEST
           printf("%s\n", (char *)mrb->stack[a + 1].value.p);
#endif
           mrb->stack[a] = mrb->stack[a + 1];
         } else {
           SET_NIL_VALUE(mrb->stack[a]);
         }
```

```
        mrb->ci = NULL;
        free(method_name.value.p);
        NEXT;
    }
// ...
```

因為我們調整了 mrb_func_t 的使用方式，因此也要將 lib/mvm/include/mvm/class.h 的內容重新調整，讓它可以接受 mrb_state 資訊，基本上 mrb_state 用來保存所有和虛擬機器相關的處理，幾乎所有 mruby 的呼叫都會需要傳入 mrb_state，來提供對應的資訊。

```
// …
typedef mrb_value (*mrb_func_t)(mrb_state* mrb);
// …
```

如此一來，我們就可以在自訂的方法存取必要的參數。調整 src/main.cpp 的內容，使用新的 mrb 二進位檔案以及調整 cputs 的實作。

```
// …
const uint8_t bin[] = {
    // cputs "Hello World from Ruby"
    // …
};

mrb_value c_puts(mrb_state* mrb) {
  printf("argc: %d\n", mrb->ci->argc);
  printf("argv: %s\n", (char*)mrb->ci->argv->value.p);

  return mrb_nil_value();
}
// ...
```

使用前面章節測試的方式，便可看到畫面印出 argc: 1 和 argv: Hello World from Ruby 的訊息，到這個階段，我們成功讓虛擬機器可用 Ruby 方法呼叫 C 語言的函式。

14.

CHAPTER

迴圈機制

14.1 分析 OPCode

14.2 實作迴圈

14.3 效能分析

14.4 完善功能

14.5 加入測試

在 Ruby 中，我們最常使用的是 #each 來製作迴圈，然而這是基於迭代器（Iterator）機制所提供的特性，本章中我們主要討論的是 while 迴圈，在大多數的情況下有 while 迴圈就足夠使用，即使是 for 迴圈或者 #each，也都可以看作是 while 迴圈的變化型。

除此之外，還有 loop 這個迴圈的使用方式，雖然看似和 while 迴圈類似，實際上 OPCode 的組成幾乎是不同的，在這個章節我們會以專注製作出 while 迴圈為首要目的，如此才能讓我們的虛擬機器變化更加豐富。

14.1　分析 OPCode

我們先試著製作一個 while true 的無限迴圈，然後確認一下 mrbc 編譯時產生的 OPCode 會怎樣運作，在迴圈的機制運作上，稍微需要動一下腦，因此我們需要仔細觀察一下。

```
while true
  puts "Hello"
end
```

將其編譯後，會得到以下的結果：

```
file: example.rb
    3 000 OP_JMP                  012
    4 003 OP_LOADSELF    R1
    4 005 OP_STRING      R2       L(0)    ; "Hello"
    4 008 OP_SEND        R1       :puts   1
    3 012 OP_LOADT       R1
    3 014 OP_JMPIF       R1       003
    3 018 OP_LOADNIL     R1
```

```
3 020 OP_RETURN        R1
3 022 OP_STOP
```

在這次產生的結果中，多出了幾個沒看過的 OPCode 出現，像是 OP_JMP、OP_JMPIF、OP_LOADNIL、OP_LOADT 等，後面兩個都是載入資料，前者載入 nil 到暫存器中，後者是載入 true 到暫存器中並不複雜，然而 JMP 和 JMPIF 就比較需要我們稍微深入討論一下。

如果有接觸過組合語言，可能就不會對這兩個 OPCode 那麼陌生。從 JMP 來反推，很高的機率是 jump（跳躍）的意思，因此我們可以假設推論出 OP_JMP 是要把程式碼「跳」到某處。從我們產生的 OPCode 來看，一開始會跳到 012 的地方，也就是 OP_LOADT 的位置，接下來繼續執行會遇到 OP_JMPIF 的地方，跟 OP_JMP 不同的點也很容易猜出來，假設 R1（暫存器第一筆紀錄）是 true，則跳到 003 的位置，往後執行剛好就是 puts 的語法，接下來會繼續跑到 OP_JMPIF，並且獲得相同的結果，並且不斷地持續下去，進而構成無限迴圈。

是不是有點眼熟呢？我們在處理 OP_LOADI 系列的時候，在 C 語言中使用過 goto 的語法，也就是說，我們可以像這樣寫 C 語言，並且構成一個迴圈。

```c
#include<stdio.h>

int main(int argc, char** argv) {
  int count = 0;
LOOP:
  printf("Looping... %d\n", count);
  count += 1;
  if(count < 5) {
    goto LOOP;
  }

  return 0;
}
```

即使不使用 for 或者 while，我們也可以實作出一個執行五次的程式碼處理，或者說在組合語言的世界中，要構成迴圈就是這樣運作的。

14.2　實作迴圈

現在我們了解迴圈的運作方式，接下來只需要加入對應的實作即可。打開 lib/mvm/include/mvm/opcode.h，加入所需的 OPCode 到列表中。

```
enum {
  // ...
  OP_LOADNIL = 15,
  OP_LOADSELF,
  OP_LOADT,
  OP_JMP = 33,
  OP_JMPIF,
  // ...
};
```

然後我們再繼續修改 lib/mvm/src/vm.c 的內容，基本上這次增加的 OPCode 大多不是那麼複雜，還算容易處理。

```
// ...
  // Register
  int32_t a = 0;
  int32_t b = 0;
  int32_t c = 0;
  const uint8_t* prog = p;
  mrb->stack = (mrb_value*)malloc(sizeof(mrb_value) * (irep->nregs - 1));
// ...
      CASE(OP_LOADNIL, B) {
        mrb->stack[a] = mrb_nil_value();
```

```
        NEXT;
    }
    CASE(OP_LOADSELF, B) {
        // TODO
        NEXT;
    }
    CASE(OP_LOADT, B) {
        mrb->stack[a] = mrb_nil_value();
        SET_TRUE_VALUE(mrb->stack[a]);
        NEXT;
    }
    CASE(OP_JMP, S) {
        p = prog + a;
        NEXT;
    }
    CASE(OP_JMPIF, BS) {
        if (mrb->stack[a].type != MRB_TYPE_FALSE) {
            p = prog + b;
        }
        NEXT;
    }
// ...
```

處理 OP_LOADNIL 和 OP_LOADT 的方式，基本上就是直接製作對應的 mrb_value
覆蓋進去即可，在這邊我們可以選擇 mrb_nil_value() 的方式，也可以利用巨集 SET_
NIL_VALUE 的方式進行，前者因為會先產生一次變數來儲存，因此可能會有少量的
記憶體耗損，好處則是可以避免有非預期記憶體存在裡面，在設計上可以根據專案
的需求進行取捨。

接下來，OP_JMP 和 OP_JMPIF 基本上屬於同系列的指令，差異只在於 OP_JMPIF
需要多做一個判斷的處理，然而在 mrb 二進位資料中記錄的是從 ISEQ 起始位置的偏
移量（Offset），因此我們需要追加一個 prog 變數紀錄，即當 IREP Header 讀取完畢，
並且定位到 ISEQ 起始位置時的記憶體位置。

　　當我們從 OP_JMP 指令取得偏移量之後，就可以用 p = prog + a，將指標更新到我們希望跳過去的區段，藉此產生迴圈的效果，這也可以算是 C 語言指標的妙用之一。

14.3　效能分析

　　如果前面分析 OPCode 階段有仔細看的話，你是否發現每次都會載入 true 才執行迴圈呢？從這個前提來看，假設我們的虛擬機器是上一個小節的設計，每次都會先製作一個 mrb_nil_value()，接著用 SET_TRUE_VALUE 調整成 true 的數值，這就表示我們需要耗費額外的記憶體及處理來製作出這樣的結果。

　　假設我們調整 Ruby 程式碼如下：

```
continue = true
while continue
  puts "Hello"
end
```

　　接著用 mrbc 編譯成二進位檔案，觀察產生出來的 ISEQ 差異。

```
file: example.rb
    3 000 OP_LOADT      R1                          ; R1:continue
    4 002 OP_JMP                    014
    5 005 OP_LOADSELF   R2
    5 007 OP_STRING     R3      L(0)    ; "Hello"
    5 010 OP_SEND       R2      :puts   1
    4 014 OP_JMPIF      R1      005               ; R1:continue
    4 018 OP_LOADNIL    R2
    4 020 OP_RETURN     R2
    4 022 OP_STOP
```

因為多了一個continue變數當作暫存，因此OP_LOADT變成起始的處理，同時OP_JMPIF會直接使用continue，而不會重新做OP_LOADT的操作，雖然是很微小的差異，卻會實際去影響程式的記憶體和處理時間，當我們設計非常大規模的程式時，像這樣的小細節就可能造成影響。

雖然Ruby和mruby實際上可能不是這樣設計的，然而在學習製作虛擬機器的過程中，我們變得更容易去反向推測一個程式語言是否會這樣設計，在特定的情況下，我們要去優化程式語言的線索又變得更加豐富。

14.4　完善功能

在這個章節我們為了能夠快速實作出迴圈機制，因此跳過了一些OPCode的實作，像是OP_LOADF這類載入false數值的機制，現在我們先暫時重構一下程式，將相關的機制補足，在後面的章節中，我們會逐漸開始採用這樣的方式來實作，慢慢提高整體的完成度。

開啟lib/mvm/include/mvm/opcode.h，調整OPCode列表加入OP_LOADF以及OP_JMPIF系列的定義。

```
// ...
  OP_LOADT,
  OP_LOADF,
  OP_JMP = 33,
  OP_JMPIF,
  OP_JMPNOT,
  OP_JMPNIL,
// ...
```

接下來修改lib/mvm/src/vm.c實作相關的邏輯，讓虛擬機器更加完整。

```
// …
    CASE(OP_LOADT, B) goto L_LOADF;
    CASE(OP_LOADF, B) {
L_LOADF:
      mrb->stack[a] = mrb_nil_value();
      if(insn == OP_LOADT) {
        SET_TRUE_VALUE(mrb->stack[a]);
      } else {
        SET_FALSE_VALUE(mrb->stack[a]);
      }
      NEXT;
    }
    CASE(OP_JMP, S) {
      p = prog + a;
      NEXT;
    }
    CASE(OP_JMPIF, BS) {
      if (!IS_FALSE_VALUE(mrb->stack[a])) {
        p = prog + b;
      }
      NEXT;
    }
    CASE(OP_JMPNOT, BS) {
      if (IS_FALSE_VALUE(mrb->stack[a])) {
        p = prog + b;
      }
      NEXT;
    }
    CASE(OP_JMPNIL, BS) {
      if (IS_FALSE_VALUE(mrb->stack[a]) && !mrb_fixnum(mrb->stack[a])) {
        p = prog + b;
      }
      NEXT;
    }
// ...
```

這部分的邏輯基本上還不算太複雜，比較特別的是在 mruby 中假設判斷為 false 時，nil 也被算在 false 的一種情況，然而也會有針對 nil 判定的情境，因此 OP_JMPIF 類型的指令一共有三種，其中一種是 OP_JMPNIL 的情況。

14.5 加入測試

從迴圈開始的測試會變得相對於前面章節還難以實現，因為我們不像以往在實作功能那樣的直覺，雖然還是去對輸入、輸出做檢驗，然而還必須讓迴圈這類功能確實的被呼叫，並且回傳我們預期的數值才行。

這裡我們一共要測試 OP_LOADT、OP_LOADF、OP_JMPIF、OP_JMPNOT、OP_JMPNIL 以及 while 迴圈等幾個情況，其中有幾個項目會因為測試 while 而被涵蓋進去，我們將使用一個計數器來進行測試，來檢查虛擬機器是否可以順利加總數值。

首先，測試 OP_JMPIF 的情況可以用這樣的 Ruby 程式碼來驗證：

```
count = 0
while count < 5
  count += 1
end
count
```

然而，編譯成二進位檔案時，會發現還需要實作 OP_MOVE 這個指令，因為我們需要處理 count +=1 這個情況，也就是說，需要複製數值到其他變數上。

```
file: example.rb
    3 000 OP_LOADI_0    R1                            ; R1:count
    4 002 OP_JMP                    014
    5 005 OP_MOVE       R2    R1                       ; R1:count
    5 008 OP_ADDI       R2    1
```

```
5 011 OP_MOVE          R1        R2              ; R1:count
4 014 OP_MOVE          R2        R1              ; R1:count
4 017 OP_LOADI_5       R3
4 019 OP_LT            R2
4 021 OP_JMPIF         R2        005
7 025 OP_RETURN        R1                        ; R1:count
7 027 OP_STOP
```

因此，我們需要先補上 OP_MOVE 的實作，才能夠進行測試。繼續修改 lib/mvm/include/mvm/opcode.h，加入新的指令。

```
// …
enum {
  OP_NOP,
  OP_MOVE,
// ...
```

更新 lib/mvm/src/vm.c，實作 OP_MOVE 的功能。

```
// ...
    CASE(OP_MOVE, BB) {
      mrb->stack[a] = mrb->stack[b];
      NEXT;
    }
// …
```

有了 OP_MOVE 實作後，我們就可以製作一段簡單的計數器，將它執行完畢後，可用來驗證是否正確執行了 while 迴圈。

加入新的 test/test_loop.h 檔案，並且在裡面定義 while loop 測試。

```
#ifndef TEST_LOOP_H
#define TEST_LOOP_H
```

```
#include<unity.h>
#include<mvm.h>

void test_while_loop();

#endif
```

接下來，我們加入 test/test_loop.c，將編譯好的 mrb 二進位資料以及針對測試的呼叫放到裡面，以驗證我們的迴圈實作沒有問題。

```
#include "test_loop.h"

void test_while_loop() {
  const uint8_t bin[] = {
    /**
     * count = 0
     * while count < 5
     *    count += 1
     * end
     * count
     */
     // …
  };

  mrb_state* mrb = mrb_open();
  mrb_value ret = mrb_exec(mrb, bin + 34);
  mrb_close(mrb);

  TEST_ASSERT_EQUAL_UINT32(MRB_TYPE_FIXNUM, ret.type);
  TEST_ASSERT_EQUAL_UINT32(5, ret.value.i);
}
```

完成之後，在 test/test_main.c 新增這次的測試，接著執行測試來確認跟我們預期的結果相同，一切正常後，我們就可以開始進入下一階段的實作。

　　這次我們只針對 OP_JMP 的一小部分做驗證，如果要更完善的測試，建議將 OP_LOADT、OP_LOADF 等 OPCode 的實作都加入到實作裡面驗證會更完善，雖然在未來出錯時，補上測試也是一個方法，然而在推測出錯的原因時，很容易花費額外的時間，因此還是在製作初期放上必要的檢驗，可以更有效地減少問題。

15.

CHAPTER

Block 機制

15.1　Proc 是什麼

15.2　製作 Block

15.3　跳出 Block

15.4　存取變數

15.5　加入測試

現在我們的虛擬機器已經足以進行非常基本的運作，然而我們依舊沒有物件、垃圾回收，在實作這些機制之前，我們可以先將 Block 這個 Ruby 語言非常特別的語言特性實作出來，在開始實作之前，我們可以先來閱讀 mruby 的部分原始碼，以了解 Block 機制的特性，進而讓我們對 Ruby 語言提供的 Proc、lambda 等特性有更深入的了解。

15.1　Proc 是什麼

這個大概是所有寫 Ruby 的工程師都想搞清楚的問題：到底 Proc 和 lambda 該用誰之類的，然而對於 Ruby 來說，它們很可能是「屬性不同」的同一個東西。

```
irb(main):001:0> -> {}
=> #<Proc:0x00007ff72e8b49d0 (irb):1 (lambda)>
irb(main):002:0> lambda {}
=> #<Proc:0x00007ff73383ab58 (irb):2 (lambda)>
irb(main):003:0> proc {}
=> #<Proc:0x00007ff7338d7a98 (irb):3>
irb(main):004:0>
```

我們用 irb 簡單呼叫平常看到的這三個語法，會發現 lambda 是一種標記成 lambda 的 Proc 物件，雖然跟沒有說差不多，然而對 Ruby 來說，要決定行為怎麼動作，基本上就是基於這個資訊來判別。

除此之外，大部分的方法也可以被看作是一種 Proc 物件，更精確來說，是允許被轉換成一個 lambda 物件，也因此我們在 irb 呼叫 to_proc 時會得到這樣的結果。

```
irb(main):001:0> method(:puts)
=> #<Method: main.puts(*)>
irb(main):002:0> method(:puts).to_proc
```

```
=> #<Proc:0x00007fa9ad8481c8 (lambda)>
irb(main):003:0>
```

那們我們討論的 Block 又是什麼情況呢？我們可以透過簡單的自訂方法來把結果印出來。

```
irb(main):005:0> is_block {}
#<Proc:0x00007fecc90ce398 (irb):5>
=> #<Proc:0x00007fecc90ce398 (irb):5>
irb(main):006:0>
```

從這段結果我們可以看到，Block 屬於非 lambda[1] 類型的物件，那麼是否為 lambda 的差異在哪裡呢？用一個簡單的方式判別，即是否有屬於自己的 Context（前後關係）。如果是 lambda 的狀態，使用 return 的對象就是 lambda 本身，如果是 Block 的話，則是當下 Block 所處的環境，這也是網路上大多數文章會用實驗的方法。

基於這樣的特性，我們就不難理解為什麼使用 #method 取出某個物件方法後，當使用 #to_proc 來轉換成 Proc 時，會帶有 lambda 的標記，基於語言的特性上來說，必須是 lambda，才符合具備自己的 Context 的要求。

15.2　製作 Block

我們的虛擬機器是經過大量簡化的版本，因此在實作 Block 機制的時候，也無法參考 mruby 原本的設計，同時到目前為止，我們也還沒準備好物件的設計，在這樣的狀況下，Block 的機制是非常受限的，然而我們依舊可以透過一些簡單的方式將這個功能實現出來，在後續的實作中逐步完善。

---

[1]　lambda 是 Ruby 裡面「可執行程式碼片段」的一種類型，屬於 Proc 物件，有著類似函數式語言的匿名函式的特性。

　　這次我們要將上一章節的 while 迴圈改為 loop 來實作，和 while 迴圈不同的地方在於，loop 就是 while true 的封裝，只是會直接用 C 來處理這個迴圈，而不是利用虛擬機器的方式進行，在這樣的前提下，理論上會比 while true 還快上一些。我們來製作有以下內容的 Ruby 檔案，並且用 mrbc 編譯。

```
loop do
  puts 'Hello World'
end
```

　　這次我們會得到一個相比過去更複雜的結果，我們會看到兩組不同的 ISEQ 資訊，也就是說，我們要開始觸碰到之前實作的 irep_get 函式中第三個情況，以及在 IREP 中的另一個 IREP 資訊的狀況。

```
irep 0x6000022a8140 nregs=3 nlocals=1 pools=0 syms=1 reps=1 iseq=12
file: example.rb
    5 000 OP_LOADSELF    R1
    3 002 OP_BLOCK       R2      I(0:0x6000022a8190)
    3 005 OP_SENDB       R1      :loop    0
    3 009 OP_RETURN      R1
    3 011 OP_STOP


irep 0x6000022a8190 nregs=5 nlocals=2 pools=1 syms=1 reps=0 iseq=15
local variable names:
  R1:&
file: example.rb
    3 000 OP_ENTER       0:0:0:0:0:0:0
    4 004 OP_LOADSELF    R2
    4 006 OP_STRING      R3      L(0)     ; "Hello World"
    4 009 OP_SEND        R2      :puts    1
```

　　在這次的結果中，最上面顯示我們會呼叫 OP_BLOCK 這個指令，同時它對應了 0x6000022a8190 這個位置，這表示我們將這一個 Block 的 IREP 資訊取出，並且暫時放在暫存器裡面。

接下來，我們會進入到 OP_SEND 系列的指令，這次的 OP_SENDB 表示呼叫編號為 0 的 Block 剛好對應我們前面 OP_BLOCK 紀錄的這一個 IREP 資訊。

當我們根據 OP_SENDB 的指令呼叫 Block 時，會先進入一個叫做「OP_ENTER」的指令，這個指令看起來提供了一串意義不明的數值 0:0:0:0:0:0:0，根據 mruby 的文件，這個叫做「Argument Setup Flags」（參數設定旗標），簡單來說，這七組二進位數值剛好對應 Block 的七種特性，我們需要利用 Bitmask（位元遮罩）的技巧來比對開啟了怎樣的機制，至少在現階段我們還不需要處理，這些旗標對 mruby 來說，就是判斷是 Proc 還是 lambda 行為的依據。

有了這些資訊，我們就可以開始著手製作第一個版本的 Block 虛擬機器實作，然後再根據我們的需求調整到可以使用的狀態。

打開 lib/mvm/include/mvm/opcode.h，加入這次新增加的 OPCode 到定義中。

```
enum {
  // ...
  OP_SEND = 46,
  OP_SENDB,
  OP_ENTER = 51,
  // ...
  OP_BLOCK = 85,
};
```

接下來要實作 OP_BLOCK，讓我們可以將現在的 IREP 下的另一個 IREP 抓取出來，此時我們會發現需要讓 mrb_value 可以儲存這類資訊，因此先定義 MRB_TYPE_PROC 作為變數類型，同時用於未來所有 Block 的物件儲存。

開啟 lib/mvm/include/mvm/value.h，加入新的類型定義。

```
enum mrb_vtype {
  MRB_TYPE_FALSE = 0,
  MRB_TYPE_TRUE,
```

```
    MRB_TYPE_FIXNUM,
    MRB_TYPE_STRING,
    MRB_TYPE_PROC,
};
```

現階段還不需要製作巨集輔助處理 Proc 類型的資訊，因此先修改 lib/mvm/src/vm.c 的內容，加入 OP_BLOCK 的實作。

```
// ...
    CASE(OP_BLOCK, BB) {
      mrb_value proc;
      proc.type = MRB_TYPE_PROC;
      proc.value.p = (void*)irep_get(bin, IREP_TYPE_IREP, b);
      mrb->stack[a] = proc;
      NEXT;
    }
// ...
```

接下來，繼續加入 OP_ENTER 和 OP_SEND 的實作到 lib/mvm/src/vm.c 裡面。

```
    CASE(OP_SENDB, BBB) {
      const uint8_t* sym = irep_get(bin, IREP_TYPE_SYMBOL, b);
      int len = PEEK_S(sym);
      mrb_value method_name = mrb_str_new(sym + 2, len);

      khiter_t key = kh_get(mt, mrb->mt, (char *)method_name.value.p);
      if(key != kh_end(mrb->mt)) {
        mrb_func_t func = kh_value(mrb->mt, key);

        mrb_value argv[c + 1];
        for(int i = 0; i <= c; i++) {
          argv[i] = mrb->stack[a + i + 1];
        }
```

```
        mrb_callinfo ci = { .argc = c + 1, .argv = argv };
        mrb->ci = &ci;

        func(mrb);
    } else {
        SET_NIL_VALUE(mrb->stack[a]);
    }

    mrb->ci = NULL;
    free(method_name.value.p);

    NEXT;
}
CASE(OP_ENTER, W) {
    // TODO
    NEXT;
}
```

因為 OP_ENTER 目前還沒有需要處理的部分，因此先跳過處理的內容，接著實作 OP_SENDB 的部分，基本上 OP_SEND 類型的指令都非常相似，然而我們在 OP_SEND 手動製作了 puts 方法的判定，有一部分的實作無法跟 OP_SENDB 重複使用，因此我們採取複製的方式，將 OP_SEND 的實作複製到 OP_SENDB 裡面。

同時，OP_SENDB 的實作中我們會多傳入一個參數，也就是 Block 的 Proc 變數，因此無法像 OP_SEND 一樣直接將 mrb->stack 當作 mrb_callinfo 的內容，我們需要重新複製一次，然後製作成 mrb_callinfo，再儲存到 mrb_state 裡面。

這也是為什麼會有下面這一段程式碼的原因：

```
    mrb_value argv[c + 1];
    for(int i = 0; i <= c; i++) {
        argv[i] = mrb->stack[a + i + 1];
    }
```

```
        mrb_callinfo ci = { .argc = c + 1, .argv = argv };
        mrb->ci = &ci;
```

同時，在 OP_ENTER 的實作中，會發現讀取的大小單位是 W（3 bytes）的大小，在我們前面實作 FETCH_ 系列處理時剛好沒有做到，因此還需要修改 lib/mvm/include/mvm/opcode.h，加入 FETCH_W 的巨集。

```
#define FETCH_W() do { a = READ_W(); } while(0)
```

如此我們的虛擬機器就具備能夠呼叫某個 Block 的基本能力，接下來我們要去定義 loop 方法，讓我們編譯的 mrb 二進位檔案可以正確呼叫到這個方法。

開啟 src/main.cpp，先更新 bin 變數為 loop 版本的實作。

```
const uint8_t bin[] = {
    // loop do
    //   puts "Hello"
    // end
    // …
};
```

接著加入 mrb_loop 函式，實作迴圈的 C 版本。

```
mrb_value c_loop(mrb_state* mrb) {
  const uint8_t* irep = (const uint8_t*)mrb->ci->argv->value.p;
  while(true) {
    mrb_exec(mrb, irep);
  }

  return mrb_nil_value();
}
```

同時在原本的 mrb_define_method 加入新的定義。

```
// ...
  mrb_define_method(mrb, "cputs", c_puts);
  mrb_define_method(mrb, "loop", c_loop);
// ...
```

　　如此一來，我們就可以透過 C 呼叫某個 Block，並且執行裡面的內容。因為一個 IREP 中的其他 IREP 都會符合 IREP 的結構，因此我們只需要用 mrb_exec 就可以順利的執行，嘗試編譯並且執行後，會發現不斷印出「Hello World」，使用 Ctrl + C 鍵終止程式後，我們需要繼續處理後續的實現，以及讓這個方法可以被測試。

15.3　跳出 Block

　　我們在上一個小節實作的 Block 只是單純「進入」，卻沒有辦法離開，因此我們需要去設計一些條件，讓我們的 loop 可以順利地被終止。

　　這次的目標是採用這樣的 Ruby 程式碼來進行驗證。

```
count = 0
loop do
  break if count >= 5
  puts "Hello World"
  count += 1
end
```

　　使用 mrbc 編譯之後，外層的 ISEQ 基本上沒有太大的變化，然而 Block 中多出了 OP_GETUPVAR 這個指令。

```
irep 0x600003038000 nregs=4 nlocals=2 pools=0 syms=1 reps=1 iseq=14
local variable names:
  R1:count
```

```
file: example.rb
    3 000 OP_LOADI_0    R1                          ; R1:count
    8 002 OP_LOADSELF   R2
    4 004 OP_BLOCK      R3        I(0:0x600003038050)
    4 007 OP_SENDB      R2        :loop   0
    4 011 OP_RETURN     R2
    4 013 OP_STOP

irep 0x600003038050 nregs=5 nlocals=2 pools=1 syms=1 reps=0 iseq=42
local variable names:
  R1:&
file: example.rb
    4 000 OP_ENTER      0:0:0:0:0:0:0
    5 004 OP_GETUPVAR   R2        1         0
    5 008 OP_LOADI_5    R3
    5 010 OP_GE         R2
    5 012 OP_JMPNOT     R2        020
    5 016 OP_LOADNIL    R2
    5 018 OP_BREAK      R2
    6 020 OP_LOADSELF   R2
    6 022 OP_STRING     R3        L(0)    ; "Hello World"
    6 025 OP_SEND       R2        :puts   1
    7 029 OP_GETUPVAR   R2        1         0
    7 033 OP_ADDI       R2        1
    7 036 OP_SETUPVAR   R2        1         0
    7 040 OP_RETURN     R2
```

跟前面的實作不同，因為我們這次需要去存取 Block 外的變數，並且用於判斷是否脫離 loop 迴圈的條件，因此我們需要加入能夠區分 Block 內外的處理機制，也就是 Context 的實作。

為了能讓每一組 IREP 都能夠自己獨立運作，我們需要將原本的 mrb->stack 修改回原本的作法。修改 lib/mvm/include/mvm/vm.h，將 mrb_state 的 stack 移除。

```
typedef struct mrb_state {
  struct kh_mt_s *mt;

  mrb_callinfo* ci;
} mrb_state;
```

我們將 lib/mvm/src/vm.c 中所有使用到 mrb->stack 的地方替換掉，這邊有兩個段落，因為我們移除了 mrb_state 上的 stack，所以需要將 mrb_close 上釋放 stack 的程式碼移除。

```
extern void mrb_close(mrb_state* mrb) {
  if(!mrb) return;

  kh_destroy(mt, mrb->mt);
  free(mrb);
}
```

接下來要將 mrb_exec 中所有用到的地方替換掉，因為幾乎每一個 OPCode 都會使用到，礙於篇幅的關係，就不貼出完整的程式碼作為示範，以下是只標註重點的範例以及修改的示範。

```
// ...
  // Register
  int32_t a = 0;
  int32_t b = 0;
  int32_t c = 0;
  const uint8_t* prog = p;
  mrb_value stack[irep->nregs];
// …
      CASE(OP_LOADI, BB) {
        SET_INT_VALUE(stack[a], b);
        NEXT;
      }
```

```
                 CASE(OP_LOADINEG, BB) {
                   SET_INT_VALUE(stack[a], b * -1);
                   NEXT;
                 }
```

```
       // ...
```

如此一來，我們就能將 IREP 上的變數獨立出來，除此之外，也消除掉了一個可能會造成問題的實作方式。

```
 @@ -34,7 +33,7 @@ mrb_value mrb_exec(mrb_state* mrb, const uint8_t* bin) {
     int32_t b = 0;
     int32_t c = 0;
     const uint8_t* prog = p;
 -   mrb->stack = (mrb_value*)malloc(sizeof(mrb_value) * (irep->nregs -  1));
 +   mrb_value stack[irep->nregs];
```

在上面這段 diff 結果中，我們每次執行 mrb_exec 時，都會重新配置記憶體到 mrb->stack 之中，這個記憶體區域實際上是所有 mrb_exec 共同使用的，這表示當我們呼叫 Block 時會重新配置一次，在這樣的狀況下，會使原本的 IREP 區段遺失資訊，同時 malloc 的記憶體不會被回收，進而造成記憶體洩漏（Memory Leak）的問題。

解決了 stack 問題後，我們先調整預定的 Ruby 程式碼為比較簡單的版本，方便針對「跳出」這件事情處理，目前 return 還無法正確作用，因此我們要實作一個只有 break 的處理來驗證這件事情。

```
 loop do
   puts "Hello World"
   break
 end
```

經過 mrbc 命令編譯後，會得到這樣的 ISEQ 指令結構。

```
irep 0x6000002f0140 nregs=3 nlocals=1 pools=0 syms=1 reps=1 iseq=12
file: example.rb
    14 000 OP_LOADSELF   R1
    11 002 OP_BLOCK      R2      I(0:0x6000002f0190)
    11 005 OP_SENDB      R1      :loop   0
    11 009 OP_RETURN     R1
    11 011 OP_STOP

irep 0x6000002f0190 nregs=5 nlocals=2 pools=1 syms=1 reps=0 iseq=19
local variable names:
  R1:&
file: example.rb
    11 000 OP_ENTER      0:0:0:0:0:0:0
    12 004 OP_LOADSELF   R2
    12 006 OP_STRING     R3      L(0)    ; "Hello World"
    12 009 OP_SEND       R2      :puts   1
    13 013 OP_LOADNIL    R2
    13 015 OP_BREAK      R2
    13 017 OP_RETURN     R2
```

原本多出的 OP_GETUPVAR 和 OP_SETUPVAR 暫時在這次的結果取消，如此一來，我們就能專心處理 OP_BREAK 的情況，等到我們解決了 OP_BREAK 的問題後，再回來實作 OP_GETUPVAR 和 OP_SETUPVAR 的機制，讓迴圈可以正常被控制。

那麼，要如何才能透過 OP_BREAK 跳出 Block 呢？我們可以先來看 mruby 的實作[2] 是怎樣的。

```
// …
    CASE(OP_BREAK, B) {
      c = OP_R_BREAK;
      goto L_RETURN;
    }
// …
```

＊2　(URL) https://github.com/mruby/mruby/blob/2.1.2/src/vm.c#L1907-L1910

在 mruby 中，OP_RETURN 或 OP_BREAK 這類型的處理都被分類為 OP_RETURN
系列的操作，因此在 mruby 的設計中設定好類型後，都會統一跳到 OP_RETURN 的
處理區段[*3] 進行處理，然而這段程式碼非常多，我們重點式根據實作 OP_BREAK 的
目標來閱讀，以免花費太多時間在了解目前還不需要知道的細節上。

```c
L_RETURN:
    {
        mrb_callinfo *ci;

#define ecall_adjust() do {\
  ptrdiff_t cioff = ci - mrb->c->cibase;\
  ecall(mrb);\
  ci = mrb->c->cibase + cioff;\
} while (0)

        ci = mrb->c->ci;
        if (ci->mid) {
          mrb_value blk;

          if (ci->argc < 0) {
            blk = regs[2];
          }
          else {
            blk = regs[ci->argc+1];
          }
          if (mrb_proc_p(blk)) {
            struct RProc *p = mrb_proc_ptr(blk);

            if (!MRB_PROC_STRICT_P(p) &&
                ci > mrb->c->cibase && MRB_PROC_ENV(p) == ci[-1].env) {
              p->flags |= MRB_PROC_ORPHAN;
            }
```

---

*3　(URL) https://github.com/mruby/mruby/blob/2.1.2/src/vm.c#L1917-L2164

```
    }
  }

  if (mrb->exc) {
  // ...
  } else {
  // ...
  }
```

　　上面這段程式碼中呈現了 return 類型動作的前置處理，我們可以看到 mruby 會進
行一些檢查，並且根據獲得的資訊加入一些標記，這些標記會在後面的程式碼使用
到，目前我們的實作還不支援這些機制，因此暫時不需要太過深入了解，只需要對
關鍵字有個印象，在後面判讀行為時可以快速回來確認即可。

　　下一個區段會區分為 Exception 發生的狀況以及普通的情況，在 mruby 中會使用
mrb->exc 儲存例外，目前我們也還沒有實作這樣的機制，比較容易的方式是以 int 的
格式儲存，我們就可以用 if(mrb->exc) 來確認是否出現例外來中斷程式的執行，這次
我們關注的是非例外的狀況，因此繼續往下閱讀原始碼。

　　雖然排除了例外的處理，在 return 類型的動作還是有約 160 行的程式碼處理，因此
我們先找到 break 情況的程式碼來尋找實作 OP_BREAK 指令的線索。

```
    case OP_R_BREAK:
      if (MRB_PROC_STRICT_P(proc)) goto NORMAL_RETURN;
      if (MRB_PROC_ORPHAN_P(proc)) {
        mrb_value exc;

    L_BREAK_ERROR:
        exc = mrb_exc_new_str_lit(mrb, E_LOCALJUMP_ERROR,
                                  "break from proc-closure");
        mrb_exc_set(mrb, exc);
        goto L_RAISE;
      }
```

```
if (!MRB_PROC_ENV_P(proc) || !MRB_ENV_ONSTACK_P(MRB_PROC_ENV(proc))) {
  goto L_BREAK_ERROR;
}
else {
  struct REnv *e = MRB_PROC_ENV(proc);

  if (e->cxt != mrb->c) {
    goto L_BREAK_ERROR;
  }
}
while (mrb->c->eidx > mrb->c->ci->epos) {
  ecall_adjust();
}
/* break from fiber block */
if (ci == mrb->c->cibase && ci->pc) {
  struct mrb_context *c = mrb->c;

  mrb->c = c->prev;
  c->prev = NULL;
  ci = mrb->c->ci;
}
if (ci->acc < 0) {
  mrb_gc_arena_restore(mrb, ai);
  mrb->c->vmexec = FALSE;
  mrb->exc = (struct RObject*)break_new(mrb, proc, v);
  mrb->jmp = prev_jmp;
  MRB_THROW(prev_jmp);
}
if (FALSE) {
L_BREAK:
  v = mrb_break_value_get((struct RBreak*)mrb->exc);
  proc = mrb_break_proc_get((struct RBreak*)mrb->exc);
  mrb->exc = NULL;
  ci = mrb->c->ci;
}
```

```
mrb->c->stack = ci->stackent;
proc = proc->upper;
while (mrb->c->cibase < ci &&  ci[-1].proc != proc) {
  if (ci[-1].acc == CI_ACC_SKIP) {
    while (ci < mrb->c->ci) {
      cipop(mrb);
    }
    goto L_BREAK_ERROR;
  }
  ci--;
}
if (ci == mrb->c->cibase) {
  goto L_BREAK_ERROR;
}
break;
```

這段程式碼大多還是在處理發生錯誤的情況，假設沒有發生錯誤的話，會執行到 L_RETURN 這個區段結束，並且繼續執行下一個 OP_RETURN 指令，直到這個 Block 結束。

就目前的實作來看，我們暫時找不到關於 break 如何中斷一個 Block 呼叫的線索，或者對一個 Block 來說，如果要在某個位置暫停，只需要抵達 OP_RETURN 的位置即可，然而我們處理的是一個迴圈，也就表示需要對 while(true) 設定一個終止條件，否則這個迴圈就會不停執行下去。

其實，在 mruby 的實作中，loop 並非在 C 語言中定義，而是結合 Enumerator 特性所製作的特殊語法，因此在 mrblib/kernel.rb*⁴ 中我們可以看到下面這樣的程式碼：

```
def loop(&block)
  return to_enum :loop unless block
```

＊4　(URL) https://github.com/mruby/mruby/blob/2.1.2/mrblib/kernel.rb#L27-L35

```
    while true
      yield
    end
  rescue StopIteration => e
    e.result
  end
```

實際上會有兩種狀況，一種是轉變為 Enum 物件，從而獲得 #next 的呼叫特性；另一種則是用 while true 來不斷呼叫 Block，直到發生了 StopIteration 這個例外才停止，然而這些還會再跟 Enumerator 和 Fiber 等語言特性相關聯，已經遠遠超出這本書要討論的範圍，因此我們可以改為使用一個相對簡單的方法來處理。

我們目前的 c_loop 函式實作是這樣的：

```
mrb_value c_loop(mrb_state* mrb) {
  const uint8_t* irep = (const uint8_t*)mrb->ci->argv->value.p;
  while(true) {
    mrb_exec(mrb, irep);
  }

  return mrb_nil_value();
}
```

因為是使用 while(ture) 來判斷，因此要結束是不太可能的。假設使用 mrb_exec 的回傳值來進行判斷，我們就無法將 Block 執行的最終結果回傳，像是 break 1 的時候，我們在呼叫的地方需要得到 1 的數值，而不是 nil，也因此我們需要在其他地方想辦法。

在目前的實作中，我們需要能夠在不同的 mrb_exec 中共享資訊，因此最適合的就是 mrb_state 上面儲存的結構，最單純的方式就是我們在 mrb_state 上面加入一個標記，標示現在是否是處於 c_loop 的狀態，如果遇到了 break 的情況則終止，因此會得到類似 while(mrb->exc == 0) 的判斷，我們同樣可以利用 Exception 的機制來處理，在未來擴充時只需要標記這個 Exception 為 StopIteration，同時進行類似 rescue 的處理即可。

這一個修改還算容易，我們先打開 lib/mvm/include/vm.h，針對 mrb_state 加入 ext 的資訊。

```
// …
typedef struct mrb_state {
  struct kh_mt_s *mt;

  int exc;
  mrb_callinfo* ci;
} mrb_state;
// …
```

接下來，加入 OP_BREAK，到 lib//mvm/include/opcode.h 裡面，讓我們可以使用這個指令。

```
enum {
  OP_NOP,
  OP_MOVE,
  OP_LOADI = 3,
  OP_LOADINEG,
  OP_LOADI__1,
  OP_LOADI_0,
  OP_LOADI_1,
  OP_LOADI_2,
  OP_LOADI_3,
  OP_LOADI_4,
  OP_LOADI_5,
  OP_LOADI_6,
  OP_LOADI_7,
  OP_LOADNIL = 15,
  OP_LOADSELF,
```

```
        OP_LOADT,

        OP_LOADF,

        OP_JMP = 33,

        OP_JMPIF,

        OP_JMPNOT,

        OP_JMPNIL,

        OP_SEND = 46,

        OP_SENDB,

        OP_ENTER = 51,

        OP_RETURN = 55,

        OP_BREAK = 57, // 這一行

        OP_ADD = 59,

        OP_ADDI,

        OP_SUB,

        OP_SUBI,

        OP_MUL,

        OP_DIV,

        OP_EQ,

        OP_LT,

        OP_LE,

        OP_GT,

        OP_GE,

        OP_STRING = 79,

        OP_BLOCK = 85,

    };
```

接著在 lib/mvm/src/vm.c 裡面，加入 OP_BREAK 的實作，會將 mrb->exc 切換為 1 的數值。

```
        CASE(OP_BREAK, B) {

            mrb->exc = 1;

            NEXT;

        }
```

最後我們更新 src/main.c 的 c_loop 函式，從 while(true) 改為 while(mrb->exc == 0)，
讓我們可以透過 mrb->exc 來切換中斷的條件。

```
mrb_value c_loop(mrb_state* mrb) {
  const uint8_t* irep = (const uint8_t*)mrb->ci->argv->value.p;

  mrb_value ret;
  while(mrb->exc == 0) {
    ret = mrb_exec(mrb, irep);
  }
  mrb->exc = 0;

  return ret;
}
```

我們也順便記錄了每一次 mrb_exec 的回傳值，這樣當 break 發生時，就可以儲
存到正確的結果，因為這個例外是我們預期內的情況，因此還需要在回傳之前使用
mrb->exc = 0;，將狀態還原回沒有出錯之前，才能夠確保後續的程式呼叫正常運作。

接下來，我們更新 src/main.cpp 的主程式，使用帶有 break 語法的程式，測試是否
只會執行一次。

```
// …
const uint8_t bin[] = {
    /**
    * loop do
    *   puts "Hello"
    *   break
    * end
    */
    // …
};
// …
```

　　如果順利出現 Hello，表示我們至少可以順利中斷這個迴圈，下一步我們要讓 Block 可以存取外層的變數，並且進一步製作出計數器的機制，完成後就能夠用類似 while 迴圈的機制撰寫測試。

15.4　存取變數

　　既然我們已經大致掌握如何呼叫 Block 之後，我們要繼續製作讓 Block 可以存取外部變數的機制，我們先回顧一下原本使用 loop do 搭配計數器的 ISEQ 內容。

```
irep 0x600000ff80f0 nregs=4 nlocals=2 pools=0 syms=1 reps=1 iseq=14
local variable names:
 R1:count
file: example.rb
    3 000 OP_LOADI_0     R1                              ; R1:count
    8 002 OP_LOADSELF    R2
    4 004 OP_BLOCK       R3      I(0:0x600000ff8140)
    4 007 OP_SENDB       R2      :loop   0
    4 011 OP_RETURN      R2
    4 013 OP_STOP


irep 0x600000ff8140 nregs=5 nlocals=2 pools=1 syms=1 reps=0 iseq=42
local variable names:
 R1:&
file: example.rb
    4 000 OP_ENTER       0:0:0:0:0:0:0
    5 004 OP_GETUPVAR    R2      1       0
    5 008 OP_LOADI_5     R3
    5 010 OP_GE          R2
    5 012 OP_JMPNOT      R2      020
    5 016 OP_LOADNIL     R2
    5 018 OP_BREAK       R2
```

```
6 020 OP_LOADSELF    R2
6 022 OP_STRING      R3      L(0)    ; "Hello World"
6 025 OP_SEND        R2      :puts   1
7 029 OP_GETUPVAR    R2      1       0
7 033 OP_ADDI        R2      1
7 036 OP_SETUPVAR    R2      1       0
7 040 OP_RETURN      R2
```

扣除掉已經被實作的部分，主要是 OP_GETUPVAR 和 OP_SETUPVAR 這兩個機制，在一般情況下，我們會在同一個 mrb_exec 中呼叫及執行，然而 Block 是一個稍微特殊的狀況，因為我們可以存取外部的變數，也就表示除了自己的 mrb_exec 中的 stack 之外，還要可以存取到上層（呼叫自己）的 mrb_exec 中的 stack 才行。

以我們目前的設計，stack 陣列是每個 mrb_exec 管理的，就如同我們想要從 loop 迴圈脫離的話，就需要讓 mrb->exec 當作參考，讓呼叫 mrb_exec 的 c_loop 函式知道必須終止，如果沒有這樣的條件，就無法順利讓 c_loop 停止執行。

如果去閱讀 mruby 的原始碼，會發現需要實作複雜的 stack 機制來管理這些資訊，此時我們可以改為參考本身就針對精簡設計考慮的 mruby-L1VM 的處理方式[5]。

```
case OP_GETUPVAR: // OPCODE(GETUPVAR,    BBB)    /* R(a) = uvget(b,c) */
case OP_SETUPVAR: // OPCODE(SETUPVAR,    BBB)    /* uvset(b,c,R(a)) */
    a = *p++; b = *p++; c = *p++;
    struct mrb_state* s = state.parent;
    for (int iu = 0; iu < c; iu++) {
        s = s->parent;
    }
    if (op == OP_GETUPVAR) {
        x_printf("r[%d] = r[%d] of up:%d\n", a, b, c);
        reg[a] = s->reg[b];
    } else {
```

＊5　(URL) https://github.com/taisukef/mruby-L1VM/blob/master/mruby_l1vm.h#L476-L490

```
                     x_printf("r[%d] of up:%d = r[%d]\n", b, c, a);
                     s->reg[b] = reg[a];
                 }
                 break;
```

我們發現 mruby-L1VM 會使用 state.parent 這個變數，這是因為在 mruby-L1VM 的設計中，每個 mrb_exec 都會有屬於自己的 mrb_state，並且在呼叫時需要告知上層的 mrb_state 是哪個，好讓其他被呼叫的 mrb_exec 可以參考。

這個作法是經過簡化的 mrb_context 的版本，我們可以在 mruby 的實作中看到每一個 mrb_context 都會記錄其上層的 mrb_context，同時 mrb_context 也會記錄當下執行狀態的 stack 資訊，如此一來，當我們想要存取上層變數時，就可以透過 mrb_context 紀錄的前一個 mrb_context 來反推出應該要被存取的變數。

```
struct mrb_context {
  struct mrb_context *prev;

  mrb_value *stack;                      /* stack of virtual machine */
  mrb_value *stbase, *stend;

  mrb_callinfo *ci;
  mrb_callinfo *cibase, *ciend;

  uint16_t *rescue;                      /* exception handler stack */
  uint16_t rsize;
  struct RProc **ensure;                 /* ensure handler stack */
  uint16_t esize, eidx;

  enum mrb_fiber_state status : 4;
  mrb_bool vmexec : 1;
  struct RFiber *fib;
};
```

　　我們可以結合 mruby 和 mruby-L1VM 的方式，製作一個相對 mruby 版本簡化的實作，前面有提到在 mruby 中需要考慮許多不同的情況，因此不會很簡單的製作一個 mrb_context 去使用，而是透過各種機制來處理，然而在我們的情況中並不需要這麼複雜的行為，以及在微控制器上這樣的實作也會消耗更多的記憶體和運算資源。

　　那麼，我們跟每一次實作指令的方式一樣，先從增加 OPCode 開始，在 lib/mvm/include/mvm/opcode.h 裡面加入以下的內容：

```
// …
  OP_GETUPVAR = 31,
  OP_SETUPVAR,
  OP_JMP,
// …
```

　　因為我們要透過擴充 mrb_context 來實現取得上層變數的機制，因此修改 lib/mvm/include/mvm/vm.h 加入新的定義。

```
// …
typedef struct mrb_context {
  mrb_value* stack;
} mrb_context;

typedef struct mrb_state {
  struct kh_mt_s *mt;

  int exc;
  mrb_callinfo* ci;
  mrb_context* ctx;
} mrb_state;
// …
```

　　接下來修改 lib/mvm/src/vm.c 的實作，將 OP_GETUPVAR 和 OP_SETUPVAR 的實作加入到裡面。

```
// …
      CASE(OP_LOADT, B) goto L_LOADF;
      CASE(OP_LOADF, B) {
L_LOADF:
        stack[a] = mrb_nil_value();
        if(insn == OP_LOADT) {
          SET_TRUE_VALUE(stack[a]);
        } else {
          SET_FALSE_VALUE(stack[a]);
        }
        NEXT;
      }


      CASE(OP_GETUPVAR, BBB) goto L_UPVAR;
      CASE(OP_SETUPVAR, BBB) {
L_UPVAR:
        if (insn == OP_GETUPVAR) {
          stack[a] = mrb->ctx->stack[b];
        } else {
          mrb->ctx->stack[b] = stack[a];
        }
        NEXT;
      }
      CASE(OP_JMP, S) {
        p = prog + a;
        NEXT;
      }
// …
```

有了這些實作，我們就可以透過 mrb->ctx 取得上一層的變數，然而我們還需要建立 mrb_context 給使用的方法呼叫，因此繼續修改 OP_SENDB 指令的實作。

```
      CASE(OP_SENDB, BBB) {
        const uint8_t* sym = irep_get(bin, IREP_TYPE_SYMBOL, b);
        int len = PEEK_S(sym);
        mrb_value method_name = mrb_str_new(sym + 2, len);
```

```
    khiter_t key = kh_get(mt, mrb->mt, (char *)method_name.value.p);
    if(key != kh_end(mrb->mt)) {
      mrb_func_t func = kh_value(mrb->mt, key);

      mrb_value argv[c + 1];
      for(int i = 0; i <= c; i++) {
        argv[i] = stack[a + i + 1];
      }

      mrb_callinfo ci = { .argc = c + 1, .argv = argv };
      mrb_context ctx = { .stack = stack };
      mrb->ci = &ci;
      mrb->ctx = &ctx;

      func(mrb);
    } else {
      SET_NIL_VALUE(stack[a]);
    }

    mrb->ctx = NULL;
    free(method_name.value.p);

    NEXT;
  }
```

到此為止，我們用了最精簡的方式實作了一個可以提供存取上層變數的機制，同時這個機制有非常多限制。

首先，我們沒辦法提供多層的 Block 存取外部變數，在 OP_GETUPVAR 和 OP_SETUPVAR 的指令中，一共提供了三個資訊。

● 當下執行環境的暫存器位置。

● 上層執行環境的暫存器位置。

● 上層的「層級數」。

假設這個層級超過一層，我們就需要先往回找到正確的層級，再從對應層級的 mrb_context 來抓取對應的變數，然而我們的實作完全簡化了這個機制，因此無法存取到超過一層以上的變數。

另外，我們會在呼叫完畢有 Block 的方法後，馬上將 mrb_context 釋放掉來避免問題，這表示如果我們做了多層的 Block 呼叫，就會因為「釋放記憶體」的關係，清洗掉原本上層紀錄的 mrb_context 狀態（其實在呼叫時就會被洗掉），這也是為什麼我們要將實作限定在 OP_SENDB 這個指令上，因為如果還有其他指令需要進行 mrb_context 的記憶體釋放，就會造成額外的問題。

最後，我們可以更新 src/main.cpp 的二進位資料，驗證是否跟預期一樣印出對應次數的「Hello World」訊息。

```
const uint8_t bin[] = {
    // count = 0
    // loop do
    //   break if count >= 5
    //   puts "Hello World"
    //   count += 1
    // end
    // ...
};
```

如果一切正常，我們就可以看到顯示出六次「Hello World」的訊息，接下來我們要補上測試來確定這個機制沒有預期外的問題。

15.5　加入測試

跟之前的章節一樣，我們修改 test/test_loop.h，加入對應的函式定義後，接著修改 test/test_loop.c，加入對應的測試函式。

```
/**
 * define loop method
 */
mrb_value c_loop(mrb_state* mrb) {
  const uint8_t* irep = (const uint8_t*)mrb->ci->argv->value.p;

  mrb_value ret;
  while(mrb->exc == 0) {
    ret = mrb_exec(mrb, irep);
  }
  mrb->exc = 1;

  return ret;
}

void test_c_loop() {
  const uint8_t bin[] = {
    /**
     * count = 0
     * loop do
     *   break if count >= 5
     *   count += 1
     * end
     * count
     */
    // ...
  };

  mrb_state* mrb = mrb_open();
  mrb_define_method(mrb, "loop", c_loop);
  mrb_value ret = mrb_exec(mrb, bin + 34);
  mrb_close(mrb);

  TEST_ASSERT_EQUAL_UINT32(MRB_TYPE_FIXNUM, ret.type);
  TEST_ASSERT_EQUAL_UINT32(6, ret.value.i);
}
```

　　在這邊比較不同的地方是，因為 c_loop 函式只會在 src/main.cpp 中被定義，因此在測試中不存在，除此之外，每次測試我們都是製作全新的 mrb_state 出來，因此也無法沿用，這裡我們直接加入了 c_loop 函式，讓測試可以被使用到，雖然不是一個非常好的作法，然而在我們現階段的設計中已經足夠使用。

　　當我們將定義加入 test/test_main.c 進行測試時，會發現我們預期得到 6，結果是錯誤的數值，這是因為我們在前面的 OP_SEND 和 OP_SENDB 實作的時候，並沒有將方法的回傳值放到 stack 裡面，進而造成了回傳值錯誤的問題。

　　修改 lib/mvm/src/vm.c，調整 OP_SEND 和 OP_SENDB 的實作，將結果存回 stack 之中，讓回傳值是正常的數值。

```
// …
    CASE(OP_SEND, BBB) {
      // ..
      if(key != kh_end(mrb->mt)) {
        mrb_func_t func = kh_value(mrb->mt, key);
        stack[a] = func(mrb);
      } else if(strcmp("puts", method_name.value.p) == 0) {
#ifndef UNIT_TEST
        printf("%s\n", (char *)stack[a + 1].value.p);
#endif
        stack[a] = stack[a + 1];
      } else {
        SET_NIL_VALUE(stack[a]);
      }

      free(method_name.value.p);
      NEXT;
    }
    CASE(OP_SENDB, BBB) {
      // …
      if(key != kh_end(mrb->mt)) {
        // …
```

```
      stack[a] = func(mrb);
    } else {
      SET_NIL_VALUE(stack[a]);
    }

    mrb->ctx = NULL;
    free(method_name.value.p);

    NEXT;
  }
// …
```

　　再一次執行測試，我們就可以正確通過測試，如此我們的 C 語言版本 loop 迴圈也就完成了，同時也驗證了我們可以在一定限度內使用 Block 的語言機制。

▪MEMO▪

16.

實作類別

16.1　RObject 和 RClass

16.2　定義 RClass

16.3　自訂類別

16.4　更新虛擬機器

16.5　實作繼承

16.6　加入測試

　　在前面的章節中，我們已經知道如何建立 define_method 函式，來實現讓 C 語言的函式可以被 mruby 呼叫的方式，然而如果我們的 mruby 虛擬機器只能有方法的話，似乎就享受不到 mruby 的物件導向語言優點，這表示我們沒有辦法以物件為單位來處理資訊，還是需要每次將參考的資訊傳遞到方法中，有了物件導向語言的特性，我們就能夠以物件為單位封裝，並且提供操作特定資訊的方法。

　　因此，本章中我們要來改良原本的虛擬機器實作，加入物件的概念，讓我們可以物件為單位進行操作。同時，因為 Ruby 的語言特性，所有的物件都會是 Object 物件的實例（Instance），因此在處理上來說相對比較特別。

　　當然，在遇到新的概念時，參考一下 mruby-L1VM 的實作[1]，肯定會是一個非常好的方法，我們可以快速觀察一下和物件相關的 OP_GETIV 和 OP_SETIV 這幾個指令，後兩者我們目前還沒有遇到過，是「Get Instance Variable」（取得實例變數）及「Set Instance Variable」（設定實例變數）的意思，在我們實作物件機制時會用到。

```
#ifdef SUPPORT_CLASS
        case OP_GETIV: // OPCODE(GETIV,      BB)        /* R(a) = ivget(Syms(b)) */
            a = *p++; b = *p++;
            const char* iconst = (const char*)(irep_get(irep, IREP_TYPE_SYMBOL, b) + 2);
            intptr_t* iv = mrb_memory_find(vm, reg[0], iconst);
            if (iv)
                reg[a] = iv[2];
            x_printf("r[%d]:%ld = %ld.ivtget(sym[%d]:%s)\n", a, reg[a], reg[0], b,
iconst);
            break;
        case OP_SETIV: // OPCODE(SETIV,      BB)        /* ivset(Syms(b),R(a)) */
            a = *p++; b = *p++;
            const char* iconst2 = (const char*)(irep_get(irep, IREP_TYPE_SYMBOL, b)
+ 2);
            x_printf("%ld.ivtset(sym[%d]:%s, r[%d]:%ld)\n", reg[0], b, iconst2, a,
```

[1]　(URL) https://github.com/taisukef/mruby-L1VM/blob/master/mruby_l1vm.h#L443-L459

```
reg[a]);
                mrb_memory_add(vm, reg[0], iconst2, reg[a]);
                break;
#endif
```

　　這段程式碼是 mruby-L1VM 關於 OP_GETIV 和 OP_SERIV 的實作，我們可以看到裡面會使用 mrb_memory_add 和 mrb_memory_find 兩個函式來設定實例變數。

```
intptr_t* mrb_memory_find(struct mrb_vm* vm, intptr_t obj, const char* name) {
    intptr_t* mem = vm->memory;
    for (int i = 0; i < vm->nmemory * 3; i += 3) {
        if (mem[i] == obj && mrb_strcmp((const char*)mem[i + 1], name) == 0) {
            x_printf("get[ %ld %s %ld]\n", obj, (const char*)name, mem[i + 2]);
            return mem + i;
        }
    }
    return NULL;
}
int mrb_memory_add(struct mrb_vm* vm, intptr_t obj, const char* name, intptr_t val) {
// 0 when out of memory
    x_printf("add[ %ld %s %ld]\n", obj, (const char*)name, val);
    intptr_t* chk = mrb_memory_find(vm, obj, name);
    if (chk) {
        chk[2] = val;
        return 1;
    }
    if (vm->nmemory == MAX_USERDEF) {
        x_printf("exceed max user object!!\n");
        vm->err = MRB_ERR_EXCEED_MAX_USEROBJECT;
        return 0;
    }
    intptr_t* mem = vm->memory + vm->nmemory * 3;
    *mem++ = obj;
    *mem++ = (intptr_t)name;
    *mem++ = val;
```

```
    vm->nmemory++;
    return 1;
}
```

找到這兩段的程式碼實作[2]，會發現裡面的實作是將所有物件放在一起的，簡單來說，在 mruby-L1VM 的設計中，為了讓這個機制儘可能維持單純，因此直接將所有實例變數儲存在一起。透過這樣的方式，一方面限制了最大的記憶體使用，也讓整個機制變得非常單純。

然而，如果我們想實作稍微完整的物件機制，那麼我們就必須回來看看 mruby 本身是怎樣實現的，再從中抽取出適合的邏輯，簡化後作為我們實現的版本。

從 mruby 的原始碼[3]來看，發現比 mruby-L1VM 精簡得非常多。

```
CASE(OP_GETIV, BB) {
  regs[a] = mrb_iv_get(mrb, regs[0], syms[b]);
  NEXT;
}


CASE(OP_SETIV, BB) {
  mrb_iv_set(mrb, regs[0], syms[b], regs[a]);
  NEXT;
}
```

然而處理方式都是類似的，這裡變成了使用 mrb_iv_get 和 mrb_iv_set 兩個函式，我們先繼續追蹤來找到對應的實作[4]，並且比較看看差異在哪裡。

```
MRB_API mrb_value
mrb_iv_get(mrb_state *mrb, mrb_value obj, mrb_sym sym)
```

＊2　(URL) https://github.com/taisukef/mruby-L1VM/blob/master/mruby_l1vm.h#L271-L299

＊3　(URL) https://github.com/mruby/mruby/blob/2.1.2/src/vm.c#L1113-L1121

＊4　(URL) https://github.com/mruby/mruby/blob/2.1.2/src/variable.c#L333-L340

```
{
  if (obj_iv_p(obj)) {
    return mrb_obj_iv_get(mrb, mrb_obj_ptr(obj), sym);
  }
  return mrb_nil_value();
}
```

　　我們會發現不論是 mrb_iv_get 還是 mrb_iv_set（因為在不同位置省略），都會先用 mrb_iv_p 檢查後，接著用 mrb_obj_iv_get 這個函式進一步的處理。

　　接下來我們繼續檢查 mrb_obj_iv_get 這個函式的原始碼[*5]，會發現每個物件都會將實例變數儲存在對應的物件上。

```
MRB_API mrb_value
mrb_obj_iv_get(mrb_state *mrb, struct RObject *obj, mrb_sym sym)
{
  mrb_value v;

  if (obj->iv && iv_get(mrb, obj->iv, sym, &v))
    return v;
  return mrb_nil_value();
}
```

　　然而，仔細一看會發現我們這裡獲取到的是 RObject 資料結構，而非 mrb_value 類型的資料。這就要討論到 RObject 和 RClass 這兩個資料結構，從概念上來說，mruby 會將預先定義好的那幾類變數（像是數字、布林值）以外的變數都歸類為 Object，因此會將這些資訊用 RObject 的方式儲存。

---

*5　[URL] https://github.com/mruby/mruby/blob/2.1.2/src/variable.c#L323-L331

16.1 RObject 和 RClass

在 mruby 裡面，物件是基於 RObject 和 RClass 兩個物件所構成的，前者代表一個物件的實例，因此才能透過 obj->iv 來取得實例變數。至於 RClass，代表一個物件的定義，雖然在 Ruby 中看起來是相同的，然而實際上還是被視為不太一樣的資料。

我們可以來看 include/object.h 這個標頭檔中所定義的 RObject[*6] 是長怎樣的。

```
struct RObject {
  MRB_OBJECT_HEADER;
  struct iv_tbl *iv;
};
```

看起來定義得不多，這是因為 mruby 在這裡使用了巨集 MRB_OBJECT_HEADER 來輔助，我們繼續來看關於這段巨集[*7]的部分。

```
#define MRB_OBJECT_HEADER \
  struct RClass *c;        \
  struct RBasic *gcnext;   \
  enum mrb_vtype tt:8;     \
  uint32_t color:3;        \
  uint32_t flags:21

#define MRB_FLAG_TEST(obj, flag) ((obj)->flags & (flag))

struct RBasic {
```

---

*6　(URL) https://github.com/mruby/mruby/blob/2.1.2/include/mruby/object.h#L30-L33

*7　(URL) https://github.com/mruby/mruby/blob/2.1.2/include/mruby/object.h#L10-L21

```
  MRB_OBJECT_HEADER;
};
```

　　在這段實作中，我們可以看到 RObject 實際定義的其他資訊，除此之外，還有幾個比較特別的地方值得一提。首先是 RBasic 被定義出來，而且看起來是和 GC（垃圾回收，Garbage Collection）機制有關，除了 RBasic 之外，還有 color 和 flags 也是相關的參數，這是因為 Ruby 採取的垃圾回收機制是以紅黑樹（Red-black tree）演算法為基礎，來計算要回收哪些資料，我們暫時只需要知道這些資訊即可。

　　既然我們已經知道了 RObject 的結構，就可繼續往下切換到 include/class.h 上，觀察 RClass 的結構*8 是長怎樣的。

```
struct RClass {
  MRB_OBJECT_HEADER;
  struct iv_tbl *iv;
  struct kh_mt *mt;
  struct RClass *super;
};
```

　　這邊會發現一樣也使用了 MRB_OBJECT_HEADER 巨集，以 C 語言的特性來看，這表示不論是 RBasic、RObject 或者 RClass 這三個物件的其中一種，都能夠共用 RBasic 的機制來處理，因為記憶體區段的結構是完全相同的。而這就非常類似我們在物件導向語言裡面常使用的 Interface（介面）技巧，在 mruby 的原始碼中，我們可以在負擔不重的前提下，順帶學會這樣的技巧。

　　透過這樣的機制，其實我們不難發現為什麼 Ruby 中的 Class 同時也是物件的一種，因為在語言的設計上自然都具備了物件的性質（RBasic），如此我們就能夠用類似的方式進行處理。

＊8　⒰⒭⒧ https://github.com/mruby/mruby/blob/2.1.2/include/mruby/class.h#L17-L22

16.2 定義 RClass

現在我們的實作是將所有方法直接定義在 mrb_state 上面，為了要向物件版本邁進，我們可以先定義一個 RClass 結構，將我們所定義的方法上具備的基本資訊 Method Table 和 Super（父物件）定義出來。打開 lib/mvm/include/mvm/class.h，加入新的定義。

```
// …
typedef struct RClass {
  struct kh_mt_s *mt;
  struct RClass *super;
} RClass;
// …
```

而因為我們需要初始化 khash 所定義的 Map 資料結構，因此還需要加入配置 RClass 記憶體的函式來確保不會在呼叫後被回收，以及 Method Table 有正確被建立出來。繼續在 class.h 檔案加入 mrb_alloc_class 的定義。

```
// …
RClass* mrb_alloc_class(RClass* super);
// …
```

接著我們切換到 lib/mvm/src/class.c，將 mrb_alloc_class 的實作加入到裡面，在這邊我們都會先使用 malloc 函式去配置記憶體，這個作法和前面的使用情況一樣，都會造成暫時無法順利回收記憶體的狀況，我們會在後續章節中一起解決。

```
// …
RClass* mrb_alloc_class(RClass* super) {
  RClass* klass = (RClass*)malloc(sizeof(RClass));
  klass->super = super;
  klass->mt = kh_init(mt);
```

```
  return klass;
}
// …
```

處理方式和 mrb_state 的產生類似，我們直接用 malloc 來處理即可，在後續實作垃圾回收階段時，再進一步使用我們自己的方式管理，讓這些動態產生的物件得以被回收。

接下來，我們要將 mrb_state 的 mt 替換成 RClass 的版本。打開 lib/mvm/include/mvm/vm.h，找到原本的 mrb_state 定義，並替換為以下的程式碼：

```
//…
typedef struct mrb_state {
  struct RClass* object_class;

  int exc;
  mrb_callinfo* ci;
  mrb_context* ctx;
} mrb_state;
//..
```

這裡我們參考了 mruby 的方式，將系統內建的數種基本物件直接定義在 mrb_state 中，這樣在新增或擴充時也比較容易。

因為是以指標形式構成的物件，因此我們還需要將 mrb_state 的初始化階段加入 mrb_alloc_class 的步驟，將它實際產生出來。打開 lib/mvm/src/vm.c，修改原本的 mrb_open 實作，加入對應的處理。

```
//…
extern mrb_state* mrb_open() {
  static const mrb_state mrb_state_zero = { 0 };
  mrb_state* mrb = (mrb_state*)malloc(sizeof(mrb_state));
```

```
  *mrb = mrb_state_zero;
  mrb->object_class = mrb_alloc_class(NULL);

  return mrb;
}

extern void mrb_close(mrb_state* mrb) {
  if(!mrb) return;

  kh_destroy(mt, mrb->object_class->mt);
  free(mrb->object_class);
  free(mrb);
}
//…
```

我們還需要額外修改 mrb_close 的處理，原本我們會直接用 kh_destroy 清除對應的
記憶體，這邊需要改為先清除掉 mrb->object_class 上的 Method Table 後，再釋放掉
mrb->object_class 占用的記憶體。

這些處理完成後，我們還需要將 lib/mvm/include/mvm/class.h 的 mrb_define_method
函式原本使用 mrb_state 的版本替換為 RClass 的版本。

```
// …
extern void mrb_define_method(RClass* klass, const char* name, mrb_func_t func);
// …
```

接著修改 lib/mvm/src/class.c 的實作，將 mrb_state 也替換掉。

```
void mrb_define_method(RClass* klass, const char* name, mrb_func_t func) {
  int ret;
  khiter_t key = kh_put(mt, klass->mt, name, &ret);
  kh_value(klass->mt, key) = func;
}
```

最後，我們還需要花一點力氣，將專案中所有 mrb->mt 替換為 mrb->object_class->mt。以下是 src/main.cpp 的範例，其他還有像是 lib/mvm/src/vm.c、test/test_loop.c 等，請依序找出來替換掉。

```
// …
#ifndef UNIT_TEST
int main(int argc, char** argv) {
  mrb = mrb_open();
  mrb_define_method(mrb->object_class, "cputs", c_puts);
  mrb_define_method(mrb->object_class, "loop", c_loop);
  mrb_exec(mrb, bin + 34);
  mrb_close(mrb);
}
#endif
// …
```

到此為止，我們就有一個非常基本的 Class 類型物件，透過簡單的重構，讓原本直接註冊在 mrb_state 的方法改為登記到 Object 物件之下。接下來我們要繼續擴充，讓我們可以透過 C 語言定義出自己的物件。

16.3　自訂類別

當我們實作完 RClass 之後，就可以開始著手增加自訂 RClass 的方法，主要是讓我們可以產生新的 RClass 資訊，並在上面定義一部分的方法，讓 Ruby 端可以直接呼叫。

首先，我們要先更新 mrb_state，讓我們可以記錄存在於我們虛擬機器之中的 RClass 有哪些，才能夠動態定義這些資訊。先修改 lib/mvm/include/mvm/class.h，加入新的 khash 定義。

```
// …
typedef struct RClass {
  struct kh_mt_s *mt;
  struct RClass *super;
} RClass;

KHASH_MAP_INIT_STR(ct, RClass*)
// …
```

有了 khash 定義後，我們就可以繼續在 lib/mvm/include/mvm/vm.h 裡面針對 mrb_
state 增加對應的定義。修改 mrb_state 的結構，加入 ct（Class Table）結構到裡面。

```
// …
typedef struct mrb_state {
  struct RClass* object_class;
  struct kh_ct_s *ct;

  int exc;
  mrb_callinfo* ci;
  mrb_context* ctx;
} mrb_state;
// …
```

同時，我們還需要將 mrb_open 函式更新，在初始化 mrb_state 的時候，將 mrb->ct
也初始化，以免後續的呼叫因為沒有初始化記憶體而發生錯誤。打開 lib/mvm/src/
vm.c，修改初始化動作。

```
// …
extern mrb_state* mrb_open() {
  static const mrb_state mrb_state_zero = { 0 };
  mrb_state* mrb = (mrb_state*)malloc(sizeof(mrb_state));

  *mrb = mrb_state_zero;
  mrb->ct = kh_init(ct);
```

```
  mrb->object_class = mrb_alloc_class(NULL);

  return mrb;
}
// …
```

除此之外，我們也需要針對 mrb_close 進行更新，讓 mrb->ct 在結束使用的時候放掉記憶體，以避免占用多餘的記憶體空間。

```
// …
extern void mrb_close(mrb_state* mrb) {
  if(!mrb) return;

  kh_destroy(mt, mrb->object_class->mt);
  free(mrb->object_class);

  kh_destroy(ct, mrb->ct);
  free(mrb);
}
// …
```

如此我們就有地方可以去存放所有自訂的類別資訊，接著要讓我們的虛擬機器可以被動態定義類別。更新 lib/mvm/include/mvm/class.h，加入 mrb_define_class 函式定義。

```
// …
extern void mrb_define_method(RClass* klass, const char* name, mrb_func_t func);
RClass* mrb_alloc_class(RClass* super);
RClass* mrb_define_class(mrb_state* mrb, const char* name, RClass* super);
// …
```

處理方面，基本上和 mrb_define_method 的方式類似，唯一差異在於我們允許使用者可以定義 super（上層）的類別，透過這樣的機制來達到允許搜尋上層物件的實作。

接下來要實作 mrb_define_class 的邏輯，更新 lib/mvm/src/class.c 加入新的實作，讓 mrb_define_class 可以正確運作起來。

```
// …
RClass* mrb_define_class(mrb_state* mrb, const char* name, RClass* super) {
  int ret;
  RClass* klass = mrb_alloc_class(super);

  khiter_t key = kh_put(ct, mrb->ct, name, &ret);
  kh_value(mrb->ct, key) = klass;

  return klass;
}
// …
```

這裡我們使用之前用來產生內建物件的 mrb_alloc_class 函式，來幫助我們產生 RClass，並且將產生的 RClass 儲存到 mrb->ct 之中，如此我們就可以透過字串來查詢想要使用的物件，並且將它取出來呼叫及使用。

為了方便驗證實作，我們可以先修改 src/main.cpp，更新 mrb 的二進位資料為以下 Ruby 程式碼的編譯結果。

```
puts App.run
```

更新 src/main.cpp 為以下的內容，以讓我們可以驗證這段程式碼的執行結果。

```
// …
const uint8_t bin[] = {
    // puts App.run
    // …
};
// …
```

```
mrb_value c_run(mrb_state* mrb) {
  const char* str = "Hello World";
  return mrb_str_new((const uint8_t*)str, 12);
}


// …


#ifndef UNIT_TEST
int main(int argc, char** argv) {
  mrb = mrb_open();
  mrb_define_method(mrb->object_class, "cputs", c_puts);
  mrb_define_method(mrb->object_class, "loop", c_loop);

  RClass* app = mrb_define_class(mrb, "App", mrb->object_class);
  mrb_define_method(app, "run", c_run);

  mrb_exec(mrb, bin + 34);
  mrb_close(mrb);
}
#endif


// …
```

　　這次我們增加了一個 c_run 函式，作為 App.run 對應的函式，並且會回傳「Hello World」的字串來方便我們驗證。

　　然後我們在原本定義 cputs 和 loop 的下方，先加入 mrb_define_class 來定義 App 這個類別，並且基於回傳的 RClass 資料，繼續定義 run 方法到上面，如果實作都沒有問題的話，我們就能任意在我們的虛擬機器上定義類別和方法。

16.4　更新虛擬機器

我們會更新我們的虛擬機器，把缺少的 OPCode 補進去，在上一個章節中，我們編譯 Ruby 程式碼時，如果有開啟 mrbc -v 的選項，那麼應該會看到像是下面這樣的輸出結果：

```
irep 0x6000001880f0 nregs=4 nlocals=1 pools=0 syms=3 reps=0 iseq=16
file: example.rb
    3 000 OP_LOADSELF    R1
    3 002 OP_GETCONST    R2      :App
    3 005 OP_SEND        R2      :run    0
    3 009 OP_SEND        R1      :puts   1
```

整體而言，只多出了 OP_GETCONST 這個指令，然而因為呼叫方法需要參考呼叫的對象，因此我們還需要更新 OP_SEND 這個指令，和它類似的 OP_SENDB 可以在未來進行調整，我們先專注於核心的功能開發上。

因為我們不會使用到 Constant（常數）機制，所以直接讓 OP_GETCONST 回傳物件，如果在你的設計中有對應的規劃，就需要去建構一個可以管理常數的方式，才能正確支援這個行為。

回到 OP_GETCONST 的指令實作，在 Ruby 中 Symbol 和 String 都是類似的，至少在虛擬機器的角度看起來都是一組字串，因此我們只需要用 khash 來查詢在 ct 中的 RClass 即可，然而在我們的 stack 裡面都是用 mrb_value 儲存的，因此還需要進行把 RClass 封裝成 mrb_value 的處理。

我們先打開 lib/mvm/include/mvm/value.h，加入一些輔助我們定義類別會使用的巨集。

```
// …
#define SET_CLASS_VALUE(r, c) SET_VALUE(r, MRB_TYPE_CLASS, value.p, (c))
```

```
#define IS_FALSE_VALUE(r) (r.type == MRB_TYPE_FALSE)
#define IS_CLASS_VALUE(r) (r.type == MRB_TYPE_CLASS)
#define IS_STRING_VALUE(r) (r.type == MRB_TYPE_STRING)
// …
```

　　這裡我們加入 SET_CLASS_VALUE，方便我們將 mrb_value 設定類型及數值，除此之外，還另外加入了 IS_CLASS_VALUE 和 IS_STRING_VALUE，方便我們後續實作虛擬機器邏輯時使用。

　　接著打開 lib/mvm/include/class.h，加入將 RClass* 轉換為 mrb_value 的 mrb_class_value 函式。

```
// …
static inline mrb_value mrb_class_value(RClass* klass) {
  mrb_value v;

  SET_CLASS_VALUE(v, klass);

  return v;
}
// …
```

　　有了這些輔助函式之後，我們就可以正確實作 OP_GETCONST 指令，並且將 RClass* 作為 mrb_value 儲存到 stack 之中，讓後續的處理可以呼叫及使用。

　　先打開 lib/mvm/include/mvm/opcode.h，針對新增的 OP_GETCONST 指令，加入對應的定義。

```
// …
  OP_LOADF,
  OP_GETCONST = 27,
  OP_GETUPVAR = 31,
```

```
        OP_SETUPVAR,
    // …
```

接下來開啟 lib/mvm/src/vm.c，針對 OP_GETCONST 進行實作，讓我們可以在
Ruby 中取出對應的類別，並對其進行呼叫。

```
    // …
        CASE(OP_GETCONST, BB) {
            const uint8_t* sym = irep_get(bin, IREP_TYPE_SYMBOL, b);
            int len = PEEK_S(sym);
            mrb_value const_name = mrb_str_new(sym + 2, len);

            khiter_t key = kh_get(ct, mrb->ct, (char *)const_name.value.p);
            if(key != kh_end(mrb->ct)) {
                RClass* klass = kh_value(mrb->ct, key);
                stack[a] = mrb_class_value(klass);
            } else {
                SET_NIL_VALUE(stack[a]);
            }

            NEXT;
        }
    // …
```

對於取出字串的部分，大家並不陌生，這和 OP_SEND 的處理基本上是相同的，不
同的地方在於後續的處理我們會改為從 mrb->ct 進行檢查，以找出是否存在我們預期
的 RClass* 資訊，如果找不到的話，則回傳 nil 回去。如果是在正常的 Ruby 中，會拋
出一個例外，而要如何設計，則可根據需求來調整，同時也要注意我們的目標是在
一個微控制器上使用，過多的機制可能讓微控制器無法有效運作。

處理完 OP_GETCONST 之後，我們就要對 OP_SEND 進行一個大修改，從原本不
管如何都會以 mrb->object_class 為前提處理，調整為根據傳入的 mrb_value 來判斷要
呼叫哪個類別的方法。

```
// ⋯
      CASE(OP_SEND, BBB) {
        const uint8_t* sym = irep_get(bin, IREP_TYPE_SYMBOL, b);
        int len = PEEK_S(sym);
        mrb_value method_name = mrb_str_new(sym + 2, len);

        // TODO: Implement find_class method
        RClass* klass;
        if(IS_CLASS_VALUE(stack[a])) {
          klass = (RClass*)stack[a].value.p;
        } else {
          klass = mrb->object_class;
        }

        mrb_callinfo ci = { .argc = c, .argv = &stack[a + 1] };
        mrb->ci = &ci;

        khiter_t key = kh_get(mt, klass->mt, (char *)method_name.value.p);
        if(key != kh_end(klass->mt)) {
          mrb_func_t func = kh_value(klass->mt, key);
          stack[a] = func(mrb);
        } else if(strcmp("puts", method_name.value.p) == 0) {
#ifndef UNIT_TEST
          if(IS_STRING_VALUE(stack[a + 1])) {
            printf("%s\n", (char *)stack[a + 1].value.p);
          }
#endif
          stack[a] = stack[a + 1];
        } else {
          SET_NIL_VALUE(stack[a]);
        }

        free(method_name.value.p);
        NEXT;
      }
// ⋯
```

雖然說是大修改，實際上是調整了幾個地方的處理，讓我們個別選出來仔細討論。

首先，我們要先判斷 mrb_value 是否為物件，以決定該怎麼呼叫，這是我們第一次用到 stack[a] 的數值，在過去都是直接的無視，然而要判斷目前呼叫的「對象」，就需要依靠這個數值。

```
// TODO: Implement find_class method
RClass* klass;
if(IS_CLASS_VALUE(stack[a])) {
  klass = (RClass*)stack[a].value.p;
} else {
  klass = mrb->object_class;
}
```

這裡我們之前預先定義好的 IS_CLASS_VALUE 巨集很快就可派上用場，然而我們還沒有實現「物件」的機制，因此如果本身呼叫的對象不是類別的話，依舊先維持採用 mrb->object_class 的方式。

```
khiter_t key = kh_get(mt, klass->mt, (char *)method_name.value.p);
if(key != kh_end(klass->mt)) {
  mrb_func_t func = kh_value(klass->mt, key);
  stack[a] = func(mrb);
}
```

因為我們要查詢的 RClass 已經不是固定在 mrb->object_class 上，因此這邊會改為使用剛剛定義的 klass 變數來進行查詢。

除此之外，原本的 puts 方法會因為收到不是字串的資料而出現問題，我們也順便增加了簡單的判斷來避免這個狀況。

```
#ifndef UNIT_TEST
        if(IS_STRING_VALUE(stack[a + 1])) {
          printf("%s\n", (char *)stack[a + 1].value.p);
```

```
      }
#endif
```

到這個階段，我們理論上在編譯這次的新程式碼後執行，就可以看到「Hello World」的訊息被印出來在畫面上。

接下來我們會把繼承一起實作，然後在補上對應的測試，以確保我們之後的實作不會破壞現有的邏輯。

16.5　實作繼承

物件導向語言的繼承機制有非常多樣的變化，有些語言允許多重繼承、覆寫方法，有些則不一定允許這樣的機制。在 Ruby 的設計中，屬於比較單純的「單一繼承」方式，簡單來說，就是只允許繼承一個類別來延伸，這對我們要實現繼承機制會容易很多。

然而，單一繼承很難解決許多物件導向語言在設計系統上的問題，在 Ruby 中會採取 Mixin（混合）的方式處理，也就是我們平常使用的 include、extend 這類關鍵字產生的效果，因為會讓實作變得複雜，因此我們先以「單一繼承」的情況來討論。

在前面的章節中我們有提到，mruby 的設計中每個 RClass 都會具備一個 super 的參數，讓我們用來尋找是否有父層的類別存在。我們先調整 src/main.cpp，讓實作改為需要透過繼承機制來找到呼叫的方法。

```
// …
#ifndef UNIT_TEST
int main(int argc, char** argv) {
  mrb = mrb_open();
  mrb_define_method(mrb->object_class, "cputs", c_puts);
  mrb_define_method(mrb->object_class, "loop", c_loop);
```

```
        RClass* base = mrb_define_class(mrb, "Base", mrb->object_class);
        mrb_define_method(base, "run", c_run);

        RClass* app = mrb_define_class(mrb, "App", base);

        mrb_exec(mrb, bin + 34);
        mrb_close(mrb);
    }
    #endif
    // …
```

　　重新編譯並執行後，會發現原本輸出的「Hello World」消失，因為我們將 #run 方法登記在 Base 類別上，並且讓 App 繼承 Base 的類別。然而在虛擬機器的實作中，我們並沒有去檢查是否有父類別的存在，也就無法回傳正確的類別回去。

　　為了讓我們可以呼叫到 Base 的 #run 方法，我們需要繼續改良虛擬機器的實作。打開 lib/mvm/src/vm.c 進行修改，先加入 mrb_find_method 函式，以用來尋找可以呼叫的方法。

```
    // …
    mrb_func_t mrb_find_method(RClass* klass, const char* method_name) {
        if(klass == NULL) {
            return NULL;
        }

        khiter_t key = kh_get(mt, klass->mt, method_name);
        if(key != kh_end(klass->mt)) {
            return kh_value(klass->mt, key);
        }

        if(klass->super != NULL) {
            return mrb_find_method(klass->super, method_name);
        }
```

```
  return NULL;
}
// …
```

因為這個函式只會被虛擬機器使用，因此我們不需要在標頭檔中額外進行定義。
這個函式將原本 OP_SEND 裡用來查詢 mt 的實作改到這裡，並且加入了幾個檢查：

- 如果 RClass 不存在，則回傳 NULL（不存在），以避免查詢發生錯誤。

- 如果有找到對應的方法定義，那麼回傳該方法。

- 如果找不到對應的方法，用同樣的方式（mrb_find_method）尋找父類別。

- 以上條件都不符合時，回傳 NULL。

這裡應用了「遞迴」的技巧，讓 mrb_find_method 這個函式呼叫會自動不斷向上尋
找，直到找到需要的方法為止，如此我們就不需要使用迴圈依序判斷。實際應用的
時候，還是需要依照當下虛擬機器的需求來調整實作方式，遞迴在較長的繼承下，
也可能會產生效能問題，這就需要另外取捨。

加入新函式後，我們就可為 OP_SEND 指令進行調整，改為採用 mrb_find_method
的方式。

```
// …
    CASE(OP_SEND, BBB) {
      const uint8_t* sym = irep_get(bin, IREP_TYPE_SYMBOL, b);
      int len = PEEK_S(sym);
      mrb_value method_name = mrb_str_new(sym + 2, len);

      // TODO: Implement find_class method
      RClass* klass;
      if(IS_CLASS_VALUE(stack[a])) {
        klass = (RClass*)stack[a].value.p;
      } else {
        klass = mrb->object_class;
```

```
        }

        mrb_callinfo ci = { .argc = c, .argv = &stack[a + 1] };
        mrb->ci = &ci;


        mrb_func_t func = mrb_find_method(klass, (char *)method_name.value.p);
        if(func != NULL) {
            stack[a] = func(mrb);
        } else if(strcmp("puts", method_name.value.p) == 0) {
#ifndef UNIT_TEST
            if(IS_STRING_VALUE(stack[a + 1])) {
                printf("%s\n", (char *)stack[a + 1].value.p);
            }
#endif
            stack[a] = stack[a + 1];
        } else {
            SET_NIL_VALUE(stack[a]);
        }


        free(method_name.value.p);
        NEXT;
    }
// …
```

在修改過的 OP_SEND 指令中，我們將原本使用 khash 查詢函式的實作改為 mrb_find_method，其他則保持原本的狀態即可。

我們再次編譯虛擬機器來執行，就可以看到「Hello World」正常顯示出來，這也表示我們順利完成了繼承機制的實作。

16.6　加入測試

在實作功能結束後，我們一樣針對這次實作的機制加入測試，確保不會在未來修改時發生錯誤，而破壞原有的運作機制。

首先，我們先增加 test/test_class.h 定義新的測試類型。

```
#ifndef TEST_CLASS_H
#define TEST_CLASS_H

#include<unity.h>
#include<mvm.h>

void test_define_class();

#endif
```

接下來我們一樣利用定義 App.run 並回傳「Hello World」的方式，來驗證是否能夠正確定義自訂的方法，且獲得正確的回傳值。增加 test/test_class.c 來加入測試。

```
#include "test_class.h"

/**
 * define run method
 */
mrb_value c_run(mrb_state* mrb) {
  const char* str = "Hello World";
  return mrb_str_new((const uint8_t*)str, 12);
}

void test_define_class() {
  const uint8_t bin[] = {
```

```
    // App.run
    // …
  };

  mrb_state* mrb = mrb_open();
  RClass* app = mrb_define_class(mrb, "App", mrb->object_class);
  mrb_define_method(app, "run", c_run);

  mrb_value ret = mrb_exec(mrb, bin + 34);
  mrb_close(mrb);

  TEST_ASSERT_EQUAL_STRING("Hello World", ret.value.p);
}
```

因為還有繼承機制，因此我們還需要針對繼承的版本繼續修改 test/test_class.h，加入測試繼承的測試定義。

```
// …
void test_define_class();
void test_define_class_with_parent();
// …
```

最後更新 test/test_class.c，將繼承版本的測試也實作進去。

```
void test_define_class_with_parent() {
  const uint8_t bin[] = {
    // App.run
    // …
  };

  mrb_state* mrb = mrb_open();
  RClass* base = mrb_define_class(mrb, "Base", mrb->object_class);
  mrb_define_method(base, "run", c_run);
```

```
RClass* app = mrb_define_class(mrb, "App", base);

mrb_value ret = mrb_exec(mrb, bin + 34);
mrb_close(mrb);

TEST_ASSERT_EQUAL_STRING("Hello World", ret.value.p);
}
```

最後更新 test/test_main.c，將新的測試定義加進去。

```
// …
int main() {
  // …

  // Class
  RUN_TEST(test_define_class);
  RUN_TEST(test_define_class_with_parent);

  // …
}
// …
```

　　基本上，上面的實作就是將我們在前面章節實現的機制搬移到測試中來實作，最後編譯測試，並確認都能夠順利通過測試。

▪MEMO▪

17.

CHAPTER

實作物件

17.1 定義 RObject

17.2 產生物件

17.3 加入測試

現在我們有類別可以呼叫，接下來就要實作，以讓我們的虛擬機器可以支援產生一個物件的實例（Instance）。在上一個章節中，我們已經簡單介紹過 RObject 的用處，因此我們就不再多做討論，直接基於 RClass 的實作繼續擴充，讓我們可以產生及呼叫物件。

17.1　定義 RObject

RObject 的定義和 RClass 非常類似，在最簡化的版本中，我們只需要有兩種資料保存在上面即可。打開 lib/mvm/include/mvm/class.h，加入 RObject 的定義。

```
// …
typedef struct RObject {
  struct RClass* c;
  struct kh_iv_s *iv;
} RObject;
// …
```

在我們虛擬機器的規劃中，我們至少要知道這個物件是屬於哪個類別，才能夠找到對應的方法呼叫，除此之外，對於物件來說，最特別的就是實例變數（Instance Variable），因此我們還需要一個表來記錄這些實例變數。

在前面的定義中，我們還缺少 khash 的 iv 類型定義，因此繼續修改 lib/mvm/include/class.h，在 RObject 前面加入對應的定義。

```
// …
typedef mrb_value (*mrb_func_t)(mrb_state* mrb, mrb_value self);

KHASH_MAP_INIT_STR(mt, mrb_func_t)
KHASH_MAP_INIT_STR(iv, mrb_value)
// …
```

因為 Ruby 是不需要明確定義型別的，因此我們記錄的變數也都會使用 mrb_value 的方式儲存，再根據呼叫的時候來判斷類型執行對應的動作。

17.2　產生物件

基於上一個階段的實作，我們要將原本 App.run 的版本改為以下的 Ruby 程式來實作。

```
app = App.new
puts app.run
```

在完整的 Ruby 虛擬機器實作中，我們會將 Class Method 和 Instance Method 兩者分開，前者是 App.run 這樣的呼叫方式，對象是「類別」本身，後者則是 App.new 後的物件實例。為了維持簡單，我們會無視這個條件，直接讓兩種方法共存，再根據 C 語言的實作自行判斷要採取哪種方式處理。

我們先使用 mrbc -v 命令進行編譯，會看到如下的 OPCode 資訊。

```
irep 0x600001d28000 nregs=5 nlocals=2 pools=0 syms=4 reps=0 iseq=26
local variable names:
  R1:app
file: example.rb
    3 000 OP_GETCONST    R2      :App
    3 003 OP_SEND        R2      :new    0
    3 007 OP_MOVE        R1      R2              ; R1:app
    4 010 OP_LOADSELF    R2
    4 012 OP_MOVE        R3      R1              ; R1:app
    4 015 OP_SEND        R3      :run    0
    4 019 OP_SEND        R2      :puts   1
    4 023 OP_RETURN      R2
    4 025 OP_STOP
```

這次基本上我們不需要額外實作新的 OPCode，只需要將原本的機制繼續擴充即可，同時我們會發現對 Ruby 來說，App.new 是呼叫 #new 方法來產生，然而我們並無法自己在 Ruby 程式碼去定義這個方法。

在 Ruby 的底層設計中，當我們呼叫 #new 方法後，會進行一些 C 語言層級的處理，然後呼叫 #initialize 方法來初始化，以進行 Ruby 層級的處理，最後再回傳物件本身。

因為已經編譯好 mrb 二進位檔案，先將 src/main.cpp 更新成我們要實驗的版本。

```
// …
const uint8_t bin[] = {
  /**
   * app = App.new
   * puts app.run
   */
    // …
};

// …
```

接下來，我們要和產生 RClass 時的處理一樣，幫我們的 RObject 實作一些初始化記憶體的處理。在這之前，先在 lib/mvm/include/mvm/value.h 加入一些輔助的函式及巨集。

```
// …
#define SET_CLASS_VALUE(r, c) SET_VALUE(r, MRB_TYPE_CLASS, value.p, (c))
#define SET_OBJECT_VALUE(r, c) SET_VALUE(r, MRB_TYPE_OBJECT, value.p, (c))

// …
#define IS_CLASS_VALUE(r) (r.type == MRB_TYPE_CLASS)
#define IS_OBJECT_VALUE(r) (r.type == MRB_TYPE_OBJECT)
#define IS_STRING_VALUE(r) (r.type == MRB_TYPE_STRING)
// …
```

繼續開啟 lib/mvm/include/mvm/class.h，定義初始化記憶體需要的函式。

```
// …
RClass* mrb_define_class(mrb_state* mrb, const char* name, RClass* super);
RObject* mrb_alloc_object(RClass* klass);

// …

static inline mrb_value mrb_object_value(RObject* object) {
  mrb_value v;

  SET_OBJECT_VALUE(v, object);

  return v;
}
// …
```

我們增加 mrb_alloc_object 函式，可幫助我們根據 RClass 產生一個空的物件，以方便未來處理。除此之外，因為我們在使用時都會需要轉換為 mrb_value 的格式，因此也加入 mrb_object_value，方便我們將 RObject 封裝成 mrb_value 類型的資料。

接下來開啟 lib/mvm/src/class.c，加入初始化記憶體的實作。

```
// …
RObject* mrb_alloc_object(RClass* klass) {
  RObject* object = (RObject*)malloc(sizeof(RObject));
  object->c = klass;
  object->iv = kh_init(iv);

  return object;
}
```

這個部分和 RClass 的處理基本上是類似的，只是將 mt（方法表格）的初始化改為 iv（實例變數）的初始化。

完成這些前置動作後，我們可以直接對 mrb->object_class 這個所有物件預設都會繼承的物件加入 #new 方法的定義，如此一來，就可以讓所有新定義的物件都自然具備可以被實例化的條件。

然而，如果我們仔細觀察會發現，我們定義的 mrb_func_t 類型只會接受一個 mrb_state 的參數，而這個參數雖然可以從 mrb_callinfo 抓取出實例化所需的參數，卻無法得知當下我們希望實例化的對象是什麼。

因此，我們還需要對 mrb_func_t 進行修改，可以讓它知道當下的 self（自己）是誰。打開 lib/mvm/include/mvm/class.h，修改 mrb_func_t 的定義。

```
typedef mrb_value (*mrb_func_t)(mrb_state* mrb, mrb_value self);
```

接下來，我們需要將所有有用到 mrb_func_t 的地方更新。先針對 src/main.cpp 進行修改，測試的部分則在加入測試的階段再一起更新即可。

```
// …
mrb_value c_puts(mrb_state* mrb, mrb_value self) {
  printf("argc: %d\n", mrb->ci->argc);
  printf("argv: %s\n", (char*)mrb->ci->argv->value.p);

  return mrb_nil_value();
}

mrb_value c_loop(mrb_state* mrb, mrb_value self) {
  const uint8_t* irep = (const uint8_t*)mrb->ci->argv->value.p;

  mrb_value ret;
  while(mrb->exc == 0) {
    ret = mrb_exec(mrb, irep);
  }
  mrb->exc = 1;

  return ret;
```

```
}

mrb_value c_run(mrb_state* mrb, mrb_value self) {
  const char* str = "Hello World";
  return mrb_str_new((const uint8_t*)str, 12);
}
// …
```

因為在過去的實作中我們也沒有使用到 self 的必要，因此在這個階段只需要更新所有自訂的方法，來符合更新後的 mrb_func_t 的實作。

最後，我們要將虛擬機器的實作更新，在處理 OP_SEND 和 OP_SENDB 的時候，將 self 傳入作為參考。打開 lib/mvm/src/vm.c 進行修改。

```
// …
      CASE(OP_SEND, BBB) {
        const uint8_t* sym = irep_get(bin, IREP_TYPE_SYMBOL, b);
        int len = PEEK_S(sym);
        mrb_value method_name = mrb_str_new(sym + 2, len);

        RClass* klass = mrb_find_class(mrb, stack[a]);

        mrb_callinfo ci = { .argc = c, .argv = &stack[a + 1] };
        mrb->ci = &ci;

        mrb_func_t func = mrb_find_method(klass, (char *)method_name.value.p);
        if(func != NULL) {
          stack[a] = func(mrb, stack[a]);
        } else if(strcmp("puts", method_name.value.p) == 0) {
#ifndef UNIT_TEST
          if(IS_STRING_VALUE(stack[a + 1])) {
            printf("%s\n", (char *)stack[a + 1].value.p);
          }
#endif
          stack[a] = stack[a + 1];
```

```
      } else {
        SET_NIL_VALUE(stack[a]);
      }

      free(method_name.value.p);
      NEXT;
    }
    CASE(OP_SENDB, BBB) {
      const uint8_t* sym = irep_get(bin, IREP_TYPE_SYMBOL, b);
      int len = PEEK_S(sym);
      mrb_value method_name = mrb_str_new(sym + 2, len);

      RClass* klass = mrb_find_class(mrb, stack[a]);
      mrb_func_t func = mrb_find_method(klass, (char *)method_name.value.p);
      if(func != NULL) {
        mrb_value argv[c + 1];
        for(int i = 0; i <= c; i++) {
          argv[i] = stack[a + i + 1];
        }

        mrb_callinfo ci = { .argc = c + 1, .argv = argv };
        mrb_context ctx = { .stack = stack };
        mrb->ci = &ci;
        mrb->ctx = &ctx;

        stack[a] = func(mrb, stack[a]);
      } else {
        SET_NIL_VALUE(stack[a]);
      }

      mrb->ctx = NULL;
      free(method_name.value.p);

      NEXT;
    }
// ...
```

因為OP_SENDB也會被修改，因此我們也一起將RClass的版本更新，這邊因為判定RClass的情況從原本只會有RClass或者非RClass，增加到還需要判斷是否為RObject的情況，因此我們加入了mrb_find_class函式來協助處理這個狀況。

```
// …
RClass* mrb_find_class(mrb_state* mrb, mrb_value object) {
  if(IS_CLASS_VALUE(object)) {
    return (RClass*)object.value.p;
  }

  if(IS_OBJECT_VALUE(object)) {
    return ((RObject*)object.value.p)->c;
  }

  return mrb->object_class;
}
// …
```

實作方面，基本上不算複雜，我們先判斷是否為RClass的情況，接著判斷是否為RObject，並且取出對應的方法，如果都不符合，則當作普通的mrb->object_class來處理，未來如果想要對內建的MRB_TYPE_STRING這類變數處理，只需要在這裡繼續擴充判斷就可以支援。

最後，我們在mrb_open的部分中產生mrb->object_class時，增加定義#new方法到上面，讓我們可以使用#new來產生實例物件。

```
mrb_value mrb_new_object(mrb_state* mrb, mrb_value self) {
  if(IS_CLASS_VALUE(self)) {
    RClass* klass = (RClass*)self.value.p;
    RObject* object = mrb_alloc_object(klass);
    return mrb_object_value(object);
  }
```

```
    return mrb_nil_value();
}

extern mrb_state* mrb_open() {
    static const mrb_state mrb_state_zero = { 0 };
    mrb_state* mrb = (mrb_state*)malloc(sizeof(mrb_state));

    *mrb = mrb_state_zero;
    mrb->ct = kh_init(ct);
    mrb->object_class = mrb_alloc_class(NULL);
    mrb_define_method(mrb->object_class, "new", mrb_new_object);

    return mrb;
}
```

這邊我們對 mrb_new_object 的實作處理相當單純，先確認 self 是否為一種類別，如果不是的話，則回傳 nil 回去，因為我們過去大多的實作在遇到 nil 的情況都會放棄執行，因此大多數情況下都不會發生錯誤。

如果是類別，則將 RClass 提取出來，並使用 mrb_alloc_object 初始化物件，且轉換為 mrb_value 回傳，最後就能夠被虛擬機器辨識，來繼續提供給後續的操作使用。

現在我們編譯並執行，就可以得到和 RClass 實作時相同的效果，也就具備了產生物件的基本特性。

17.3　加入測試

現在我們的實作已經完成，繼續加入測試，以確認後續的修改不會影響之前的功能。除此之外，因為我們將 mrb_func_t 的實作改變了，因此還需要更新測試中和 mrb_func_t 相關的實作。

　　首先，我們先把 test/test_loop.c 裡面的 c_loop 函式更新。雖然在編譯時會發出警告，但並不一定會失敗，有可能影響我們在測試時的結果，因此還是需要更新。

```
// ⋯
mrb_value c_loop(mrb_state* mrb, mrb_value self) {
  const uint8_t* irep = (const uint8_t*)mrb->ci->argv->value.p;

  mrb_value ret;
  while(mrb->exc == 0) {
    ret = mrb_exec(mrb, irep);
  }
  mrb->exc = 1;

  return ret;
}
// ⋯
```

　　因為後續都是和類別相關的測試，我們先更新 test/test_class.h，加入物件相關的測試定義，再一起更新剩下的 mrb_func_t 函式。

```
// ⋯
void test_new_object();
void test_object_call_method();
void test_object_call_parent_method();
// ⋯
```

　　這次我們加入三個測試情境，第一個是確認物件是否有被正確產生，後續兩個則是測試物件本身可以正確互叫方法。

　　我們先將 c_run 函式修正，然後再繼續加入對應的測試方法。

```
// ⋯
mrb_value c_run(mrb_state* mrb, mrb_value self) {
  const char* str = "Hello World";
```

```
    return mrb_str_new((const uint8_t*)str, 12);
  }
  // …
```

接下來加入三個對應的測試，第一個是驗證物件的產生。因為沒辦法像之前一樣用數值的方式驗證，因此我們改為檢查 mrb_value 為 MRB_TYPE_OBJECT，以及比對 RObject 的類別是否正確對應。

```
  // …
  void test_new_object() {
    const uint8_t bin[] = {
      // App.new
      // …
    };

    mrb_state* mrb = mrb_open();
    RClass* app = mrb_define_class(mrb, "App", mrb->object_class);

    mrb_value ret = mrb_exec(mrb, bin + 34);
    mrb_close(mrb);

    TEST_ASSERT_EQUAL_INT(MRB_TYPE_OBJECT, ret.type);
    TEST_ASSERT_EQUAL_INT(app, ((RObject*)ret.value.p)->c);
  }
```

接下來，我們可以參考原本針對 RClass 實作的版本，直接擴充出對應物件的版本。唯一的差異在於，我們使用的 mrb 二進位資料是修改為使用 App.new，而不是直接呼叫 App.run 的版本。

```
  void test_object_call_method() {
    const uint8_t bin[] = {
      // app = App.new
      // app.run
```

```
    // …
  };


  mrb_state* mrb = mrb_open();

  RClass* app = mrb_define_class(mrb, "App", mrb->object_class);

  mrb_define_method(app, "run", c_run);


  mrb_value ret = mrb_exec(mrb, bin + 34);

  mrb_close(mrb);


  TEST_ASSERT_EQUAL_STRING("Hello World", ret.value.p);
};


void test_object_call_parent_method() {
  const uint8_t bin[] = {
    // app = App.new
    // app.run
    // …
  };


  mrb_state* mrb = mrb_open();

  RClass* base = mrb_define_class(mrb, "Base", mrb->object_class);

  mrb_define_method(base, "run", c_run);


  RClass* app = mrb_define_class(mrb, "App", base);


  mrb_value ret = mrb_exec(mrb, bin + 34);

  mrb_close(mrb);


  TEST_ASSERT_EQUAL_STRING("Hello World", ret.value.p);
};
```

　　最後，再進行一次編譯及執行測試，以確認我們這次的修改沒有造成額外的問題。在下一章中，我們要將 self 參數的作用發揮出來，以讓我們可以物件為單位儲存資訊。

▪MEMO▪

18.

CHAPTER

實例變數

18.1 實例處理

18.2 實作物件

18.3 初始化數值

18.4 加入測試

如果只是單純呼叫方法，我們並不需要呼叫物件就足夠使用，然而我們如果需要發揮物件的特性，就要進行「封裝」，這就需要在每一個物件的實例（Instance）儲存資訊（變數），才能夠發揮物件的特性，因此我們將會實作一個 Point 物件來實作實例變數（Instance Variable）對應的機制。

18.1　實例處理

在上一個章節中，我們定義了 RObject，並透過 khash 定義一個可以儲存實例變數的結構，如果要使用實例變數，我們只需要實作「讀取」及「儲存」兩個方法即可。

修改 lib/mvm/include/mvm/class.h，來加入新的函式定義。

```
// …
extern mrb_value mrb_iv_set(mrb_value object, const char* name, mrb_value value);
extern mrb_value mrb_iv_get(mrb_value object, const char* name);
// …
```

接下來加入 lib/mvm/src/class.c，以定義這兩個新函式的實作。

```
// …
mrb_value mrb_iv_set(mrb_value object, const char* name, mrb_value value) {
  if(IS_OBJECT_VALUE(object)) {
    int ret;
    RObject* obj = (RObject*)object.value.p;

    khiter_t key = kh_put(iv, obj->iv, name, &ret);
    kh_value(obj->iv, key) = value;

    return value;
  }
```

```
    return mrb_nil_value();
}

mrb_value mrb_iv_get(mrb_value object, const char* name) {
    if(IS_OBJECT_VALUE(object)) {
        RObject* obj = (RObject*)object.value.p;

        khiter_t key = kh_get(iv, obj->iv, name);
        if(key != kh_end(obj->iv)) {
            return kh_value(obj->iv, key);
        }
    }

    return mrb_nil_value();
}
// …
```

　　這兩個函式分別處理了「讀取」及「儲存」的機制，使用起來也不複雜。為了方便呼叫，我們不以 RObject* 作為傳入的參數，而是用 mrb_value 作為替代，因此我們需要先用 IS_OBJECT_VALUE 巨集來檢查是否具備 RObject* 資訊，再進行下一步的處理。

　　當我們確認是物件實例後，我們可以繼續使用 khash 提供的方法建立一個 key 數值，並且嘗試讀取或者儲存資訊。假設找不到或者發生問題，我們統一使用 nil 作為回傳，在我們的虛擬機器實作中，大部分情況會跳過 nil 繼續處理，因此也能避免大多數的問題發生。

18.2　實作物件

　　這次我們要讓下面的 Ruby 程式碼可以正常運作。

```
point = Point.new(0, 0)
point.x += 1
puts point.to_s
```

我們建立了一個 Point 物件，並且設定初始值為「0, 0」，在後續的處理中，我們對 x 座標進行 +1 的處理，最後將這個物件印出來，以顯示方便確認結果。

我們可以先使用 mrbc -v，來觀察產生的程式碼有哪些需要的指令或方法，以方便後續的實作。

```
irep 0x600000f04140 nregs=6 nlocals=2 pools=0 syms=6 reps=0 iseq=44
local variable names:
  R1:point
file: example.rb
    3 000 OP_GETCONST   R2        :Point
    3 003 OP_LOADI_0    R3
    3 005 OP_LOADI_0    R4
    3 007 OP_SEND       R2        :new     2
    3 011 OP_MOVE       R1        R2                  ; R1:point
    4 014 OP_MOVE       R3        R2
    4 017 OP_SEND       R3        :x       0
    4 021 OP_ADDI       R3        1
    4 024 OP_SEND       R2        :x=      1
    5 028 OP_LOADSELF   R2
    5 030 OP_MOVE       R3        R1                  ; R1:point
    5 033 OP_SEND       R3        :to_s    0
    5 037 OP_SEND       R2        :puts    1
    5 041 OP_RETURN     R2
    5 043 OP_STOP
```

在上面這段程式碼中，我們可以觀察到只需要實作 @x 的 getter（讀取）和 setter（寫入）兩個方法即可，如果有接觸過 Ruby 語言，就會知道在 Ruby 中屬性（Attribute）基本上就是兩個方法，分別是「屬性名稱」（例如:x）以及「加上等號的版本」（例如: x=），這也跟我們使用 mrbc -v 的結果一致。

　　我們已經有了可以設定實例變數的機制，接下來只需要將物件及對應的方法實作出來即可。打開 src/main.cpp，加入對應的實作。

```
// …
#ifndef UNIT_TEST
int main(int argc, char** argv) {
  mrb = mrb_open();

  RClass* point = mrb_define_class(mrb, "Point", mrb->object_class);
  mrb_define_method(point, "x", point_get_x);
  mrb_define_method(point, "x=", point_set_x);
  mrb_define_method(point, "to_s", point_to_string);

  mrb_exec(mrb, bin + 34);
  mrb_close(mrb);
}
#endif
// …
```

　　在 mrbc -v 給予的資訊中，我們只需要 #x、#x=、#to_s 這三個方法，因此先定義這三個方法即可，接下來我們繼續加入對應的實作，讓這些方法可以運作。

```
// …
mrb_value point_get_x(mrb_state* mrb, mrb_value self) {
  return mrb_iv_get(self, "@x");
}

mrb_value point_set_x(mrb_state* mrb, mrb_value self) {
  return mrb_iv_set(self, "@x", mrb->ci->argv[0]);
}

mrb_value point_to_string(mrb_state* mrb, mrb_value self) {
  char buffer[128];
  mrb_value x = mrb_iv_get(self, "@x");
```

```
  mrb_value y = mrb_iv_get(self, "@y");

  sprintf(buffer, "#<Point x=%d, y=%d>", mrb_fixnum(x), mrb_fixnum(y));
  return mrb_str_value(buffer);
}
// …
```

因為我們未來經常會使用到產生字串變數的機制，因此額外定義了 mrb_str_value 函式來簡化使用，順便修改 lib/mvm/include/mvm/value.h，來加入 mrb_str_value 輔助函式。

```
// …
static inline mrb_value mrb_str_value(const char* str) {
  return mrb_str_new((const uint8_t*)str, strlen(str) + 1);
}
// …
```

最後我們更新 src/main.cpp 裡面使用的 mrb 二進位資料，改為我們要實驗的版本，來確認是否可以得到 #<Point x=1, y=0> 的結果。

```
// …
const uint8_t bin[] = {
  /*
   * point = Point.new(0, 0)
   * point.x += 1
   * puts point.to_s
   */
    // …
};
// …
```

編譯後執行，我們就可以和預期的一樣看到 #<Point x=1, y=0> 的結果，到了這一步，我們就有最基礎的實例變數的機制。

260

18.3　初始化數值

　　然而，當我們將 Ruby 程式碼修改為如下的狀況，似乎不會和預期的一樣出現 #<Point x=2, y=1> 的結果。

```
point = Point.new(1, 1)
point.x += 1
puts point.to_s
```

　　這是因為我們還使用 mrb->object_class 的原始版本 #new 方法，同時我們也沒有實作 #initialize 方法，來協助我們進行初始化物件的處理。

　　為了讓我們的虛擬機器能在呼叫完畢 #new 的方法後繼續呼叫 #initialize 方法，我們需要更新 mrb_new_object 的實作，修改為支援 #initialize 的版本。打開 lib/mvm/src/vm.c，修改原本的實作。

```
RClass* mrb_find_class(mrb_state* mrb, mrb_value object) {
  // …
}


mrb_func_t mrb_find_method(RClass* klass, const char* method_name) {
  // …
}


mrb_value mrb_new_object(mrb_state* mrb, mrb_value self) {
  if(IS_CLASS_VALUE(self)) {
    RClass* klass = (RClass*)self.value.p;
    RObject* object = mrb_alloc_object(klass);
    mrb_value obj = mrb_object_value(object);

    mrb_func_t initialize = mrb_find_method(klass, "initialize");
    if(initialize != NULL) {
```

```
        initialize(mrb, obj);
    }

    return obj;
  }

  return mrb_nil_value();
}
// …
```

因為在新的實作中我們需要使用 mrb_find_method，所以稍微調整一下函式的位置到 mrb_new_object 上面。在這次的調整中，我們先把原本直接回傳的 mrb_value 暫存起來，並且用 mrb_find_method 去找到「最後定義的」初始化方法來使用，這也符合物件繼承的特性。

假設找到了初始化方法，則直接呼叫一次這個方法，並且將被實例化的物件傳入給這個方法，接下來我們只需要在這個 #initialize 方法繼續處理即可。

我們繼續修改 src/main.cpp，加入對應的實作來進行處理。

```
// …
mrb_value point_initialize(mrb_state* mrb, mrb_value self) {
  mrb_iv_set(self, "@x", mrb->ci->argv[0]);
  mrb_iv_set(self, "@y", mrb->ci->argv[1]);

  return self;
}

mrb_value point_get_x(mrb_state* mrb, mrb_value self) {
  return mrb_iv_get(self, "@x");
}
// …
```

　　從我們新增加的 point_initialize 函式可以看到，實作基本上很簡單，直接使用我們
在上一個段落中實作的 mrb_iv_set 函式，就可以快速的設定參數。

　　最後只需要在原本 Point 類別的定義中，追加定義以及更新 mrb 的二進位資料，來
驗證新的實作是否正確即可。

```c
// …
const uint8_t bin[] = {
  /*
   * point = Point.new(1, 1)
   * point.x += 1
   * puts point.to_s
   */
    // …
};
// …


#ifndef UNIT_TEST
int main(int argc, char** argv) {
  mrb = mrb_open();

  RClass* point = mrb_define_class(mrb, "Point", mrb->object_class);
  mrb_define_method(point, "initialize", point_initialize);
  mrb_define_method(point, "x", point_get_x);
  mrb_define_method(point, "x=", point_set_x);
  mrb_define_method(point, "to_s", point_to_string);

  mrb_exec(mrb, bin + 34);
  mrb_close(mrb);
}
#endif
// …
```

如此一來，我們的物件初始化就能透過自訂的 #initialize 方法接收參數，並且加以處理，然而這還有非常多的限制存在，像是我們無法檢驗使用者是否有正確傳入 2 個參數，如果缺少參數的話，在虛擬機器的處理中，會因為讀取錯誤的資料而出錯。在 mruby 的設計中，會採取 Flag（旗標）的方式進行標記「必要」參數為幾個，來避免錯誤。

有需要的話，我們也可以利用 mrb->ci->argc 之類的進行檢查，並且給予預設值，除此之外，物件導向語言特有的 super（呼叫父層方法）也沒有被實作出來，實際上還有非常多限制存在。即使如此，我們還是有了非常基本的物件機制成型，如果是針對比較簡單的邏輯處理，大多數時候是足夠的。

18.4   加入測試

完成實例變數後，我們一樣要加入測試，來確保後續的修改不會受到影響。打開 test/test_class.h，加入對應的測試定義。

```
// …
void test_new_object();
void test_new_object_with_arguments();
// …
void test_object_instance_variable();
// …
```

這一次我們加入兩個測試，第一個是確保物件可以正確在 #new 的時候，帶入我們希望初始化的數值，另一個則是確認我們可以正確更新實例變數。

加入定義後，我們繼續加入對應測試的實作。打開 test/test_class.c，先將我們在 src/main.cpp 實作的 Point 類別相關行為搬移到測試中，以用於測試。

```
/**
 * Define Point class
 */
mrb_value point_initialize(mrb_state* mrb, mrb_value self) {
  mrb_iv_set(self, "@x", mrb->ci->argv[0]);
  mrb_iv_set(self, "@y", mrb->ci->argv[1]);

  return self;
}


mrb_value point_get_x(mrb_state* mrb, mrb_value self) {
  return mrb_iv_get(self, "@x");
}


mrb_value point_set_x(mrb_state* mrb, mrb_value self) {
  return mrb_iv_set(self, "@x", mrb->ci->argv[0]);
}
```

接下來，加入新增物件帶有初始化參數版本的測試，以及修改實例變數的測試到後續的測試實作之中。

```
void test_new_object_with_arguments() {
  const uint8_t bin[] = {
    // point = Point.new(1, 1)
    // point.to_s
    // ...
  };

  mrb_state* mrb = mrb_open();
  RClass* point = mrb_define_class(mrb, "Point", mrb->object_class);
  mrb_define_method(point, "initialize", point_initialize);
  mrb_define_method(point, "to_s", point_to_string);

  mrb_value ret = mrb_exec(mrb, bin + 34);
  mrb_close(mrb);
```

```
    TEST_ASSERT_EQUAL_STRING("#<Point x=1, y=1>", ret.value.p);
  }

  // …
  void test_object_instance_variable() {
    const uint8_t bin[] = {
      // point = Point.new(0, 1)
      // point.x += 1
      // point.to_s
      // …
    };

    mrb_state* mrb = mrb_open();
    RClass* point = mrb_define_class(mrb, "Point", mrb->object_class);
    mrb_define_method(point, "initialize", point_initialize);
    mrb_define_method(point, "x", point_get_x);
    mrb_define_method(point, "x=", point_set_x);
    mrb_define_method(point, "to_s", point_to_string);

    mrb_value ret = mrb_exec(mrb, bin + 34);
    mrb_close(mrb);

    TEST_ASSERT_EQUAL_STRING("#<Point x=1, y=1>", ret.value.p);
  }
```

完成之後，我們更新 test/test_main.c 的內容，將新增的測試加入到執行的列表中。

```
// Class
  RUN_TEST(test_define_class);
  // …
  RUN_TEST(test_object_call_parent_method);
  RUN_TEST(test_object_instance_variable);
// …
```

　　最後執行一次測試，以確認我們的實作沒有問題。到這個階段，我們已經實作出具備基本運作的 Ruby 虛擬機器，一些簡單的功能已經可以很好運作及執行。然而，單純就 mruby 所實作的 OPCode，就有數百種不同的指令以及各類複雜的機制存在，要在一個有限的微控制器中實現，本身就需要做出各類取捨。

　　接下來我們要針對「垃圾回收」的機制進行處理，否則會因為長時間運作而發生「記憶體洩漏」（Memory Leak）的問題，讓我們得程式中斷。

▪MEMO▪

19.

CHAPTER

垃圾回收

19.1　辨識資料

19.2　減少動態配置（Allocate）

19.3　使用 tgc 函式庫

19.4　加入 tgc 函式庫

19.5　套用 tgc 函式庫

19.6　更新測試

在許多現代的程式語言中（例如：Ruby、Python、Golang、JavaScript 等），我們大多不需特別煩惱「回收記憶體」的問題，這是因為這些語言將「垃圾回收」規劃在語言之中，會透過特定的演算法[*1]收集沒有被使用到的變數，並且將它們清除後，可讓後續需要記憶體的地方繼續使用。

然而，在 C 語言裡面就不會幫助我們進行管理，也因此我們需要自己分辨這些資料是否真的需要保留，並且將它清除或者維持到下一次的呼叫。

雖然聽起來似乎非常簡單，然而在不同語言會根據要解決的問題、設計理念來採取各種不同的設計，如果真的要討論，很可能不是一本書可以簡單說明的程度。也因此，我們在這次的虛擬機器設計目標是「不要因為記憶體不足而中斷運作」，實際上只需要能實現「回收」這件事情即可。

19.1　辨識資料

雖然我們需要手動釋放記憶體，並不代表所有地方都需要這樣使用。如果是一般的函式呼叫，在函式呼叫完畢後，記憶體會自動被歸還回去，像是下面的情況：

```
int add5(x) {
  int ret = 5;
  return ret + x;
}
```

雖然我們定義了一個 ret 變數，會占用 4 bytes 的記憶體，然而在呼叫完畢 add5 之後，就會自然地被歸還，因此我們真正需要處理的是那些「動態」產生的記憶體。

---

*1　像是 Mark and Sweep Algorithm，就有被 Ruby 使用，本章節使用的 tgc 套件也用了這種方式。

在我們的程式中，實際上會有不少「不確定回收時機」的資料出現，像是 mrb_
state 的生命週期就橫跨了整個虛擬機器的運作，因此不應該在任何情況被清除掉，
直到我們使用 mrb_close 來處理。

這類資料我們會使用 C 語言的 malloc 函式來配置記憶體，當使用這種方式配置記
憶體的時候，就不會自動的被回收，這時我們就需要手動使用 free，去將這些占用記
憶體的資料釋放出來。在前面的實作中，我們已經在一些可能會遭遇到的情況上簡
單加入了 free 函式進行處理。

像是我們的物件、字串，因為不確定使用的時機、何時會被使用到等情況，就被
我們暫時性跳過 free 的處理，同時這些資料類型在我們的虛擬機器中又是占大多數，
畢竟我們無法預測使用者何時會建立物件、何時停止使用等，也因此我們才需要動
態配置記憶體，以及進行垃圾回收的處理。

19.2　減少動態配置（Allocate）

在前面章節的實作中，我們為了方便處理，直接將 irep_get 取出的資料使用 mrb_
str_new 來幫助我們建立字串，然而在前面段落的描述中，我們如果想要讓 GC 機制
有效運作或者更加簡化，減少這類處理會更適合。

因此我們先針對 OP_SEND 和 OP_SENDB 的實作進行調整，改為使用相對單純的
方式來取出字串簡化處理。

打開 lib/mvm/src/vm.c，針對不需要動態配置記憶體的實作進行重構。

```
// ⋯
    CASE(OP_GETCONST, BB) {
      const uint8_t* sym = irep_get(bin, IREP_TYPE_SYMBOL, b);
      int len = PEEK_S(sym);
      char const_name[len + 1];
```

```
            memcpy(const_name, sym + 2, len + 1);


            khiter_t key = kh_get(ct, mrb->ct, const_name);
// ...
        CASE(OP_SEND, BBB) {
            const uint8_t* sym = irep_get(bin, IREP_TYPE_SYMBOL, b);
            int len = PEEK_S(sym);
            char method_name[len + 1];
            memcpy(method_name, sym + 2, len + 1);


            RClass* klass = mrb_find_class(mrb, stack[a]);


            mrb_callinfo ci = { .argc = c, .argv = &stack[a + 1] };
            mrb->ci = &ci;


            mrb_func_t func = mrb_find_method(klass, method_name);
            if(func != NULL) {
                stack[a] = func(mrb, stack[a]);
            } else if(strcmp("puts", method_name) == 0) {
#ifndef UNIT_TEST
                if(IS_STRING_VALUE(stack[a + 1])) {
                    printf("%s\n", (char *)stack[a + 1].value.p);
                }
#endif
                stack[a] = stack[a + 1];
            } else {
                SET_NIL_VALUE(stack[a]);
            }


            NEXT;
        }
        CASE(OP_SENDB, BBB) {
            const uint8_t* sym = irep_get(bin, IREP_TYPE_SYMBOL, b);
            int len = PEEK_S(sym);
            char method_name[len + 1];
```

```
      memcpy(method_name, sym + 2, len + 1);

      RClass* klass = mrb_find_class(mrb, stack[a]);
      mrb_func_t func = mrb_find_method(klass, method_name);
      if(func != NULL) {
        mrb_value argv[c + 1];
        for(int i = 0; i <= c; i++) {
          argv[i] = stack[a + i + 1];
        }

        mrb_callinfo ci = { .argc = c + 1, .argv = argv };
        mrb_context ctx = { .stack = stack };
        mrb->ci = &ci;
        mrb->ctx = &ctx;

        stack[a] = func(mrb, stack[a]);
      } else {
        SET_NIL_VALUE(stack[a]);
      }

      mrb->ctx = NULL;

      NEXT;
    }
// …
```

　　因為我們已經知道從 irep_get 取出的 Symbol 字串的起始、結尾和長度，因此可以
直接改為使用 char* 建立正確大小的陣列，並且將文字記錄起來，如此我們就不需要
借助 mrb_new_str 函式來動態建立字串，而是將變數限定在 mrb_exec 函式中。

　　除此之外，我們在最初剛開始進行 IREP 讀取的時候，有動態配置 irep_header 的記
憶體，因此在使用完畢後也需要對其進行「釋放」的處理。

```
// …
mrb_value mrb_exec(mrb_state* mrb, const uint8_t* bin) {
// …
    CASE(OP_RETURN, B) {
      free(irep);
      return stack[a];
    }
// …

  free(irep);

  return mrb_nil_value();
}
```

如此一來，我們需要處理動態配置記憶體的程式碼部分，就只剩下字串變數和物件兩種情況，其他類型的不是會自動被回收，不然就是可以在 mrb_close 時一起處理。

19.3 使用 tgc 函式庫

能夠自己實現 GC 機制是最好不過的，然而以 tgc [*2]（Tiny Garbage Collector）這套非常精簡的函式庫為例子，即使大量進行簡化，仍然還是有約 500 行程式碼的數量，這個數量幾乎是我們前面十八個章節所實作虛擬機器的總和，因此選擇一個簡易版本的 GC 函式庫，在現階段是相對可以接受的作法。

除了實作非常複雜之外，也跟 Ruby 虛擬機器的設計有些關係。以 mruby-L1VM 來說，基本上算是放棄了 GC 機制，讓開發者自己管理及處理。同樣是 mruby 精簡版本的 mruby/c 實作，雖然有實現 GC 機制，然而同樣有著接近 tgc 函式庫數量的程式碼數量。

---

*2　(URL) https://github.com/orangeduck/tgc

再加上最簡單的 GC 實現方式為 Reference Counting[*3]（參考計數），沒辦法很單純的融入到我們目前的設計，因為我們需要知道每一次「使用」及「使用完畢」的時機點。在 mruby 虛擬機器的設計中，大多以 mrb_value 傳遞，這個過程我們沒辦法「加入計數」的機制，也因此 Ruby 使用的都是以「標記」的方式進行處理，這種方式會定期將變數分類標記，並且在沒有其他人使用的時候，將舊的資料清除，並且重新整理記憶體，以達到最有效率的使用。

19.4　加入 tgc 函式庫

tgc 和 khash 一樣不屬於我們的專案，因此需要將它加入到專案的依賴之中。打開 tgc 的 GitHub 頁面，下載包含原始碼的 zip 檔案，解壓縮到 lib/tgc/src 之中，並且加入 lib/tgc/library.json 這個檔案以及以下內容：

```
{
  "name": "tgc",
  "build": {
    "srcFilter": ["-<examples/>", "+<*.c>"],
    "libArchive": false
  }
}
```

基本上，我們的設定和加入 khash 的時候是差不多的，主要也是排除掉我們不希望被引用進來的檔案。除此之外，跟 khash 不同的地方在於，klib 是由許多標頭檔所組成，因此不需要預先編譯，只需要引用（include）即可使用。

---

*3　用紀錄借出和歸還來判斷是否還需要保留在記憶體中。

　　然而 tgc 包含了 tgc.h 和 tgc.c 兩個檔案，後者是實際上實作功能的部分，因此我們需要在 srcFilter 選項中，將所有不是 examples/ 目錄下的 .c 檔案都加入進去，這樣在編譯後我們才能夠正確的呼叫到實作的函式。

19.5　套用 tgc 函式庫

　　使用 tgc 函式庫基本上非常容易，我們不需要花太多的力氣去學習即可上手，它實現了常見的標記演算法，我們也不需要額外花時間自己實作。我們大多數時候只需要呼叫 tgc_alloc 函式，讓 tgc 幫我們配置出需要的記憶體範圍即可。根據 README 的說明，使用上類似下面的狀況：

```
tgc_t gc;
int main(int argc, char** argv) {
  tgc_start(&gc, &argc);
  // …
  char* str = tgc_alloc(&gc, 4);
  // …
  tgc_stop(&gc);
}
```

　　根據上面的使用，和 mrb_open、mrb_close 的機制是類似的，這也表示我們可以將 tgc_start 和 tgc_stop 放到 mrb_open 和 mrb_close 裡面處理，將這一層機制隱藏起來。

　　除此之外，我們在 mruby 的 src/gc.c[*4] 原始碼中也可以看到 mrb_alloc 相似的實作，而在這些實作的設計中跟 tgc 的方式是類似的，不過在處理的機制上有所不同，至少我們可以確保使用類似的邏輯去套用 tgc 來處理垃圾回收的機制本身沒有問題。

---

*4　(URL) https://github.com/mruby/mruby/blob/2.1.2/src/gc.c#L220-L242

接下來，我們先開啟 lib/mvm/include/mvm/vm.h，將 tgc 所需的資料保存在 mrb_state 中，讓我們能夠以 mrb_state 為單位進行記憶體的回收管理。

```c
#ifndef MVM_VM_H
#define MVM_VM_H

#include<tgc.h>
// …

typedef struct mrb_state {
  struct RClass* object_class;
  struct kh_ct_s *ct;

  int exc;
  mrb_callinfo* ci;
  mrb_context* ctx;

  tgc_t gc;
} mrb_state;
// …
```

完成之後，我們打開 lib/mvm/src/vm.c，針對 mrb_open 和 mrb_close 兩個函式修改，將 tgc_start 和 tgc_stop 加入到管理的機制中。

```c
extern mrb_state* mrb_open() {
  static const mrb_state mrb_state_zero = { 0 };
  mrb_state* mrb = (mrb_state*)malloc(sizeof(mrb_state));

  *mrb = mrb_state_zero;
  mrb->ct = kh_init(ct);

  void* stack = NULL;
  tgc_start(&mrb->gc, (void*)&stack);
```

```c
    mrb->object_class = mrb_alloc_class(NULL);
    mrb_define_method(mrb->object_class, "new", mrb_new_object);

    return mrb;
}

extern void mrb_close(mrb_state* mrb) {
    if(!mrb) return;
    kh_destroy(mt, mrb->object_class->mt);
    free(mrb->object_class);

    kh_destroy(ct, mrb->ct);

    tgc_stop(&mrb->gc);
    free(mrb);
}
```

這裡我們基本上只是單純加入 tgc_start 和 tgc_stop 到我們的實作中，然而有一個需要特別注意的地方就是 tgc_start，我們在它的前一行放了 void* stack = NULL，並且作為第二個參數傳遞給 tgc_start 使用。這是因為我們需要找到目前執行中的程式「未使用」的記憶體區段起始範圍，才不會不小心把程式本身的資料蓋掉造成錯誤。在 README 所示範的 &argc 就是取得這個位置的函式之一，因為我們在 mrb_open 中並不會拿到這個數值，作為替代就是定義一個區域變數來取得對應的位置。

因為我們已經將非必要的動態配置記憶體行為清除，因此我們下一個步驟就是要將原本使用的 malloc 改為 tgc_alloc 來配置記憶體，剩下回收的部分則由 tgc 來負責控制。

最容易處理的是字串的部分，然而因為我們使用了 static inline 的方式實作，會讓我們呼叫不到 tgc 的函式，因此需要將這些實作拆分為 lib/mvm/include/mvm/string.h 和 lib/mvm/src/string.c 兩個檔案。

```
#ifndef MVM_STRING_H
#define MVM_STRING_H

#include<tgc.h>

#ifdef __cplusplus
extern "C" {
#endif

extern mrb_value mrb_str_new(mrb_state* mrb, const uint8_t* p, int len);
extern mrb_value mrb_str_value(mrb_state* mrb, const char* str);

#ifdef __cplusplus
}
#endif

#endif
```

繼續加入 lib/mvm/src/string.c，實作產生字串的函式。

```
#include<mvm.h>
#include<tgc.h>

mrb_value mrb_str_new(mrb_state* mrb, const uint8_t* p, int len) {
  mrb_value v;

  char* str = (char*)tgc_alloc(&mrb->gc, len + 1);
  memcpy(str, p, len);

  v.type = MRB_TYPE_STRING;
  v.value.p = (void*)str;

  return v;
}
```

```
mrb_value mrb_str_value(mrb_state* mrb, const char* str) {
  return mrb_str_new(mrb, (const uint8_t*)str, strlen(str) + 1);
}
```

　　除了將實作移出之外，我們的函式定義中第一個參數增加了 mrb_state* 作為參考，這是因為我們在使用 tgc_alloc 的時候，也需要 mrb->gc 當作參考資訊來記錄記憶體配置的狀態，因此我們還需要讓所有呼叫都增加串入 mrb_state* 的參數。

　　因為加入了新的定義，還需要更新 lib/mvm/include/mvm.h 引用新增的檔案。

```
#ifndef MVM_H
#define MVM_H

#include "mvm/opcode.h"
#include "mvm/value.h"
#include "mvm/irep.h"
#include "mvm/class.h"
#include "mvm/vm.h"
#include "mvm/string.h"


#endif
```

　　接下來繼續將 RClass 和 RObject 的記憶體配置也納入 tgc 的管理之中，修改 lib/mvm/include/mvm/class.h 更新定義。

```
// …
extern void mrb_define_method(RClass* klass, const char* name, mrb_func_t func);
RClass* mrb_alloc_class(mrb_state* mrb, RClass* super);
extern RClass* mrb_define_class(mrb_state* mrb, const char* name, RClass* super);
RObject* mrb_alloc_object(mrb_state* mrb, RClass* klass);
extern mrb_value mrb_iv_set(mrb_value object, const char* name, mrb_value value);
extern mrb_value mrb_iv_get(mrb_value object, const char* name);
// …
```

　　邏輯基本上和字串的部分是類似的，因為需要配置記憶體，所以需要將 mrb_state*
傳入，接下來繼續修改 lib/mvm/src/class.c，將實作也更新為使用 tgc_alloc 的版本。

```
// …
#include<tgc.h>
// …
void mrb_free_class(void* ptr) {
  RClass* klass = (RClass*)ptr;
  kh_destroy(mt, klass->mt);
}

RClass* mrb_alloc_class(mrb_state* mrb, RClass* super) {
  RClass* klass = (RClass*)tgc_alloc_opt(&mrb->gc, sizeof(RClass), 0, mrb_free_class);
  klass->super = super;
  klass->mt = kh_init(mt);

  return klass;
}

RClass* mrb_define_class(mrb_state* mrb, const char* name, RClass* super) {
  int ret;
  RClass* klass = mrb_alloc_class(mrb, super);

  khiter_t key = kh_put(ct, mrb->ct, name, &ret);
  kh_value(mrb->ct, key) = klass;

  return klass;
}

void mrb_free_object(void* ptr) {
  RObject* object = (RObject*)ptr;
  kh_destroy(iv, object->iv);
}

RObject* mrb_alloc_object(mrb_state* mrb, RClass* klass) {
```

```
    RObject* object = (RObject*)tgc_alloc_opt(&mrb->gc, sizeof(RObject), 0, mrb_free_
  object);
    object->c = klass;
    object->iv = kh_init(iv);

    return object;
  }
  // …
```

這裡和字串處理不同的地方在於，我們使用了 tgc_alloc_opt 而不是 tgc_alloc 來實作，這是因為 RClass 和 RObject 還有透過 khash 動態定義的記憶體，我們需要使用 kh_destroy 來釋放。在許多資料上也會呈現這種參考多個指標的狀況，因此 tgc 也提供了 dtor 的函式指標（類似我們的 mrb_func_t 使用），讓我們可以額外定義「釋放記憶體之前」要做的處理。

所以我們額外加入了 mrb_free_class 和 mrb_free_object 兩個函式，用來讓 tgc 可以在釋放掉之前，使我們呼叫 kh_destory，將 mt 和 iv 這兩種資訊清除掉。

最後我們再回到 lib/mvm/src/vm.c，將對應的實作更新，像是 mrb_new_object 裡面有呼叫到 mrb_alloc_object，就需要將 mrb_state 傳遞進去。

```
 // …
 mrb_value mrb_new_object(mrb_state* mrb, mrb_value self) {
   if(IS_CLASS_VALUE(self)) {
     RClass* klass = (RClass*)self.value.p;
     RObject* object = mrb_alloc_object(mrb, klass);
     mrb_value obj = mrb_object_value(object);

     mrb_func_t initialize = mrb_find_method(klass, "initialize");
     if(initialize != NULL) {
       initialize(mrb, obj);
     }

     return obj;
```

```
  }

  return mrb_nil_value();
}
extern mrb_state* mrb_open() {
  static const mrb_state mrb_state_zero = { 0 };
  mrb_state* mrb = (mrb_state*)malloc(sizeof(mrb_state));

  *mrb = mrb_state_zero;
  mrb->ct = kh_init(ct);

  void* stack = NULL;
  tgc_start(&mrb->gc, (void*)&stack);

  mrb->object_class = mrb_alloc_class(mrb, NULL);
  mrb_define_method(mrb->object_class, "new", mrb_new_object);

  return mrb;
}

extern void mrb_close(mrb_state* mrb) {
  if(!mrb) return;

  kh_destroy(ct, mrb->ct);

  tgc_stop(&mrb->gc);
  free(mrb);
}
// …
```

因為我們將 RClass 交由 tgc 管理，因此我們在 mrb_open 和 mrb_close 的處理上
也會有一些變化，將手動釋放記憶體的部分移除，只留下由我們自行管理的最少部
分。而因為 OP_STRING 也會配置字串記憶體，因此我們還需要更新一下這個指令。

```
// …
    CASE(OP_STRING, BB) {
      const uint8_t* lit = irep_get(bin, IREP_TYPE_LITERAL, b);
      lit += 1; // Skip Type
      int len = PEEK_S(lit);
      lit += 2;

      stack[a] = mrb_str_new(mrb, lit, len + 1);

      NEXT;
    }
// …
```

這樣我們使用新的 Ruby 程式碼進行測試，將以下 Ruby 程式碼用 mrbc 編譯出來，加入到 src/main.cpp 之中。

```
i = 0
while i < 100
  point = Point.new(1, i)
  puts point.to_s
  i += 1
end
```

接著更新 src/main.cpp，套用新版的實作。

```
// …
const uint8_t bin[] = {
  /**
   * i = 0
   * while i < 100
   *   point = Point.new(1, i)
   *   puts point.to_s
   *   i += 1
   * end
```

```
   */
    // …
};
// …

mrb_value point_to_string(mrb_state* mrb, mrb_value self) {
  char buffer[128];
  mrb_value x = mrb_iv_get(self, "@x");
  mrb_value y = mrb_iv_get(self, "@y");

  sprintf(buffer, "#<Point x=%d, y=%d>", mrb_fixnum(x), mrb_fixnum(y));
  return mrb_str_value(mrb, buffer);
}
// …
```

執行後，會看到我們顯示了 100 次 Point 物件的字串，然而這樣看不太出差異，我們可以故意在 mrb_free_object 函式中印出訊息，來確認垃圾回收是正常運作的狀態。

```
// …
#include<stdio.h>
// …
void mrb_free_object(void* ptr) {
  RObject* object = (RObject*)ptr;
  kh_destroy(iv, object->iv);
  printf("Free Object!\n");
}
// …
```

再次編譯後執行，就會發現在執行的過程中會不太規則的穿插「Free Object!」訊息被印出來，因此我們可以假設 GC 機制已經正常運作，至少我們可以暫時不用擔心執行過程中記憶體是無上限的消耗。

19.6 更新測試

因為我們加入了垃圾回收機制，因此我們原本的測試實作在有使用到動態配置記憶體的字串、物件的類型下，會因為判定在 mrb_close 之後而出錯，我們需要更新這些測試來讓它們回復到正常的狀態。

需要修正的地方有兩個，第一個是 test/test_method.c 這個檔案，因為我們在這裡測試了 puts 方法的實作有使用到字串，因此需要更新。

```
void test_method_puts() {
  // …

  mrb_state* mrb = mrb_open();
  mrb_value ret = mrb_exec(mrb, bin + 34);
  TEST_ASSERT_EQUAL_STRING("Hello World", ret.value.p);

  mrb_close(mrb);
}
```

基本上，將 TEST_ASSERT_EQUAL_STRING 移動到 mrb_close 之前即可，接下來我們要修正的檔案主要都在 test/test_class.c 裡面，因為我們將 RClass 和 RObject 相關的測試都實作在這個檔案中，所以我們需要修正成可以和垃圾回收相容的版本。

```
  // …
  /**
   * define run method
   */
  mrb_value c_run(mrb_state* mrb, mrb_value self) {
    const char* str = "Hello World";
    return mrb_str_new(mrb, (const uint8_t*)str, 12);
  }
```

```
// …

mrb_value point_to_string(mrb_state* mrb, mrb_value self) {
  char buffer[128];
  mrb_value x = mrb_iv_get(self, "@x");
  mrb_value y = mrb_iv_get(self, "@y");

  sprintf(buffer, "#<Point x=%d, y=%d>", mrb_fixnum(x), mrb_fixnum(y));
  return mrb_str_value(mrb, buffer);
}
// …
```

我們先將 c_run 和 point_to_string 這兩個函式修正，因為我們的字串現在也由 tgc
所管理，因此需要將 mrb_state 傳入到裡面。

```
void test_define_class() {
  // …
  mrb_value ret = mrb_exec(mrb, bin + 34);
  TEST_ASSERT_EQUAL_STRING("Hello World", ret.value.p);

  mrb_close(mrb);
}

void test_define_class_with_parent() {
  // …

  mrb_value ret = mrb_exec(mrb, bin + 34);
  TEST_ASSERT_EQUAL_STRING("Hello World", ret.value.p);

  mrb_close(mrb);
}

void test_new_object() {
  // …
```

```
void test_new_object_with_arguments() {
  // …

  mrb_value ret = mrb_exec(mrb, bin + 34);
  TEST_ASSERT_EQUAL_STRING("#<Point x=1, y=1>", ret.value.p);

  mrb_close(mrb);
}

void test_object_call_method() {
  // …

  mrb_value ret = mrb_exec(mrb, bin + 34);
  TEST_ASSERT_EQUAL_STRING("Hello World", ret.value.p);

  mrb_close(mrb);
};

void test_object_call_parent_method() {
  // …

  mrb_value ret = mrb_exec(mrb, bin + 34);
  TEST_ASSERT_EQUAL_STRING("Hello World", ret.value.p);

  mrb_close(mrb);
};

void test_object_instance_variable() {
 // …

  mrb_value ret = mrb_exec(mrb, bin + 34);
  TEST_ASSERT_EQUAL_STRING("#<Point x=1, y=1>", ret.value.p);

  mrb_close(mrb);
}
```

　　後續要把所有函式都更新，因為我們在這個檔案中的測試基本上都是會被 tgc 回收記憶體的對象，需要把所有 TEST_ASSERT_ 的巨集都放到 mrb_close 之前。修正完成後執行一次測試，確保我們的修正沒有發生問題而壞掉。

▪MEMO▪

20.

CHAPTER

整合 Arduino

20.1 失效的垃圾回收

20.2 避免 Watch Dog Timer 觸發

20.3 重構減少重複

20.4 自動編譯 mrb 二進位檔案

我們在前面的章節中，為了讓虛擬機器可以在電腦上進行測試，因此對 src/main. cpp 加入了簡單的判斷，來決定是否導入 Arduino 的程式碼，以立即進行切換。實際上，其已經具備了最為基本的 Arduino 整合能力，然而還有一些小地方需要解決，才算是正式完成與 Arduino 的整合。

在開始處理這些問題之前，我們可以先將 src/main.cpp 關於 Point 物件的定義加入到 Arduino 的版本，讓我們可以在 ESP8266 開發板上面執行。

```cpp
#ifdef DEBUG
#ifndef UNIT_TEST
int main(int argc, char** argv) {
  // …
}
#endif
#else
#include <Arduino.h>

void setup() {
  Serial.begin(9600);

  mrb = mrb_open();

  RClass* point = mrb_define_class(mrb, "Point", mrb->object_class);
  mrb_define_method(point, "initialize", point_initialize);
  mrb_define_method(point, "x", point_get_x);
  mrb_define_method(point, "x=", point_set_x);
  mrb_define_method(point, "to_s", point_to_string);
}

void loop() {
  mrb_exec(mrb, bin + 34);
  delay(5000);
}
#endif
```

　　基本上，只是將之前實作的部分複製到下方的程式碼區塊，接下來我們可以將程式碼透過 PlatformIO 上傳到開發板，此時會發現出現一些錯誤訊息。

```
-------------- CUT HERE FOR EXCEPTION DECODER ---------------

Exception (28):
epc1=0x4020207e epc2=0x00000000 epc3=0x00000000 excvaddr=0x00000008 depc=0x00000000

>>>stack>>>

// …
```

　　這是 ESP8266 在我們程式嘗試存取一些無法使用的記憶體會發生的狀況，而這個狀況在某些情況下是因為「記憶體耗盡」造成的，假設程式有好好設計的話，便不應該會出現才對。

20.1　失效的垃圾回收

　　我們在 malloc 的使用上，如果「沒有記憶體可用」的狀況下，會回傳 NULL 數值。當我們嘗試對一個不存在的位址做記憶體操作，那麼就會發生錯誤。

　　這是因為 tgc 在 ESP8266 上的一些狀況，無法正確「標記物件」，造成記憶體沒有正確被釋放，直到 tgc 無法再分配出新的記憶體給我們的物件。要修正這個問題，可以很簡單將 tgc 的一段程式碼註解掉，讓它強制去掃描並清除可以清理的記憶體。

　　打開 lib/tgc/src/tgc.c，找到 tgc_sweep 函式（約 234 行），將以下程式碼註解掉。

```
/**
  * Force sweep in ESP8266
  */
// if (gc->frees == NULL) { return; }
```

如此一來，我們的垃圾回收就會恢復正常，在原本的tgc設計中，會先檢查之前標記過的資料，然後選出「可以釋放」的記憶體並進行處理。然而在ESP8266這類微控制器上，有可能因為在C語言的處理上不是完全支援，透過模擬的方式造成一些問題，讓標記機制發生異常，因此我們將這行註解掉之後，後續的檢查會繼續進行，進而發現「可用記憶體不足」，讓tgc嘗試將有機會清除的記憶體清理掉。

再次上傳程式碼到ESP8266執行，我們會發現又出現了新的錯誤。

```
--------------- CUT HERE FOR EXCEPTION DECODER ---------------

Soft WDT reset

>>>stack>>>
```

ESP8266為了避免「當機」，會使用Watch Dog（看門狗）機制來定期檢查程式，而因為我們的虛擬機器長時間占用了處理器，因此就被誤認為「當掉」而被重設。

20.2　避免 Watch Dog Timer 觸發

我們看到的WDT reset錯誤訊息就是「Watch Dog Timer」的意思，造成的原因是因為我們太久沒有呼叫delay或者yield方法來重設這個計時器，因此ESP8266會認為我們的程式已經當掉，進而自動重設程式來避免系統當掉。

解決的方法也很簡單，我們要讓我們的Ruby支援呼叫Arduino的delay函式，在我們的虛擬機器運作時，定時呼叫delay函式來讓WDT可以被重設，除此之外，也能夠控制程式執行的速度，以避免進行無意義的空轉。

打開src/main.cpp進行編輯：

```
// …
#ifndef DEBUG
#include<Arduino.h>
#endif
// …
mrb_value mrb_sleep(mrb_state* mrb, mrb_value self) {
#ifndef DEBUG
  delay(mrb_fixnum(mrb->ci->argv[0]));
#endif
  return mrb->ci->argv[0];
}
// …
#ifdef DEBUG
#ifndef UNIT_TEST
int main(int argc, char** argv) {
  mrb = mrb_open();

  mrb_define_method(mrb->object_class, "sleep", mrb_sleep);
  // …
  mrb_exec(mrb, bin + 34);
  mrb_close(mrb);
}
#endif
#else
#include <Arduino.h>

void setup() {
  Serial.begin(9600);

  mrb = mrb_open();

  mrb_define_method(mrb->object_class, "sleep", mrb_sleep);
  // …
}
```

```
void loop() {
  mrb_exec(mrb, bin + 34);
  delay(500);
}
#endif
// …
```

修改完畢後，更新我們的 Ruby 程式碼，並且使用 mrbc 編譯成二進位的格式，更新我們在 src/main.cpp 的檔案內容。

```
// …
const uint8_t bin[] = {
  /**
   * i = 0
   * while i < 100
   *   point = Point.new(1, i)
   *   sleep 10
   *   puts point.to_s
   *   i += 1
   * end
   */
    // …
};
// …
```

修改完成後，再次編譯就會發現我們的虛擬機器可以順利在 ESP8266 上運作，也不會因為記憶體不足或者 Watch Dog Timer 而被重新啟動。然而，每次修改都要重複調整，更新二進位檔案也不太方便，因此我們要稍微重構，以讓這個流程更簡單。

20.3　重構減少重複

隨著我們將各種功能加入到專案中，同時還要維護 ESP8266（使用 Arduino 框架）和原生（自己的電腦上）兩種版本，實際上有非常多重複的程式碼和判斷。這裡我們可以參考 mruby/c [*1] 的 HAL [*2]（Hardware Abstraction Layer，硬體抽象層）的技巧來重構。

在 mruby/c 的 HAL 設計中，我們會透過編譯時給定的 -D 參數，來決定要導入哪種硬體的實作，藉此來對應不同的環境。我們在設定專案時，會在 platformio.ini 設定檔的原生版本使用 build_flags 選項，來加入 -D DEBUG 的設定，我們可以用類似的方式處理，實作成類似如下的結構：

```
# hal.h
void hal_delay(int millisecond);


# hal_native.cpp
#ifdef DEBUG
void hal_delay(int millisecond) { // NOOP }
#endif


# hal_arduino.cpp
#ifndef DEBUG
#include<Arduino.h>
void hal_delay(int millisecond) { delay(millisecond); }
#endif
```

接下來，我們先修改 platformio.ini，將 D1 mini 開發板的設定加入 -D ARDUINO 的設定，以用來區分我們使用的環境。

[*1]　(URL) https://github.com/mrubyc/mrubyc

[*2]　在 Windows 和 Linux 上的 HAL 意思不太一樣，這裡指的是統一呼叫的介面。

```
; ...
[env:d1]
platform = espressif8266
board = d1
framework = arduino
build_flags = -D ARDUINO
test_ignore = *
```

接下來加入 include/hal.h，將會因為執行環境而有不同效果的函式定義在裡面，目前我們只有在 ESP8266 上執行時會需要的 delay 函式。

```
#ifndef HAL_H_
#define HAL_H_


void hal_delay(int millisecond);


#endif
```

接下來加入 src/hal_native.cpp，定義在電腦上測試時會做的行為。

```
#if !defined(ARDUINO)

#include "hal.h"

void hal_delay(int millisecond) {
  // NOOP
}

#endif
```

繼續加入 src/hal_arduino.cpp，定義在 ESP8266 上執行時會做的行為。

```
#if defined(ARDUINO)
```

```
#include<Arduino.h>
#include "hal.h"

void hal_delay(int millisecond) {
  delay(millisecond);
}

#endif
```

　　透過這樣的實作，我們就可以在不同的環境上呼叫 hal_delay 來達到不同的行為，這樣的處理在對應不同類型的硬體時，可更清晰管理對應的行為。

　　除了硬體的對應之外，我們還可以發現類別及方法的定義幾乎是一樣的，因此我們可以將這些重複的部分抽離出來統一實作。

　　加入 include/app.h，將 mruby 虛擬機器相關的實作定義放到這個檔案中。

```
#ifndef APP_H_
#define APP_H_

#include<mvm.h>

mrb_value mrb_point_initialize(mrb_state* mrb, mrb_value self);
mrb_value mrb_point_get_x(mrb_state* mrb, mrb_value self);
mrb_value mrb_point_set_x(mrb_state* mrb, mrb_value self);
mrb_value mrb_point_to_string(mrb_state* mrb, mrb_value self);

mrb_value mrb_sleep(mrb_state* mrb, mrb_value self);

void initialize_app(mrb_state* mrb);

#endif
```

　　繼續加入 src/app.cpp，將這些行為的實作定義出來。

```c
#include<stdio.h>
#include "app.h"
#include "hal.h"

mrb_value point_initialize(mrb_state* mrb, mrb_value self) {
  mrb_iv_set(self, "@x", mrb->ci->argv[0]);
  mrb_iv_set(self, "@y", mrb->ci->argv[1]);

  return self;
}

mrb_value point_get_x(mrb_state* mrb, mrb_value self) {
  return mrb_iv_get(self, "@x");
}

mrb_value point_set_x(mrb_state* mrb, mrb_value self) {
  return mrb_iv_set(self, "@x", mrb->ci->argv[0]);
}

mrb_value point_to_string(mrb_state* mrb, mrb_value self) {
  char buffer[128];
  mrb_value x = mrb_iv_get(self, "@x");
  mrb_value y = mrb_iv_get(self, "@y");

  sprintf(buffer, "#<Point x=%d, y=%d>", mrb_fixnum(x), mrb_fixnum(y));
  return mrb_str_value(mrb, buffer);
}

mrb_value mrb_sleep(mrb_state* mrb, mrb_value self) {
  hal_delay(mrb_fixnum(mrb->ci->argv[0]));
  return self;
}

void initialize_app(mrb_state* mrb) {
  mrb_define_method(mrb->object_class, "sleep", mrb_sleep);
```

```
  RClass* point = mrb_define_class(mrb, "Point", mrb->object_class);
  mrb_define_method(point, "initialize", point_initialize);
  mrb_define_method(point, "x", point_get_x);
  mrb_define_method(point, "x=", point_set_x);
  mrb_define_method(point, "to_s", point_to_string);
}
```

在這裡的實作中，我們額外加入了 initialize_app 函式，用來一次性將我們額外擴充的方法、類別定義，這樣就不用在每次 mrb_open 後，一個一個定義到虛擬機器裡面。

最後，我們將 src/main.cpp 清理乾淨，只留下必要的進入點實作。

```
#include<app.h>

#include <stdint.h>
#if defined __GNUC__
__attribute__((aligned(4)))
#elif defined _MSC_VER
__declspec(align(4))
#endif

const uint8_t bin[] = {
  // …
};

static mrb_state* mrb;

#ifdef DEBUG
#ifndef UNIT_TEST
int main(int argc, char** argv) {
  mrb = mrb_open();
  initialize_app(mrb);

  mrb_exec(mrb, bin + 34);
```

```
  mrb_close(mrb);
}
#endif
#else
#include <Arduino.h>

void setup() {
  Serial.begin(9600);

  mrb = mrb_open();
  initialize_app(mrb);
}

void loop() {
  mrb_exec(mrb, bin + 34);
  delay(500);
}
#endif
```

20.4　自動編譯 mrb 二進位檔案

現在，我們的虛擬機器基本上已經具備執行我們所需程式的功能，然而每次修改時都需要手動呼叫 mrbc 命令來進行編譯，對後續針對應用程式本身的實作有不少影響。我們可以利用 PlatformIO 所提供的 extra_scripts 選項，透過撰寫一段 Python 腳本，在編譯之前自動產生一個 mrbc 編譯後的 .c 檔案，讓我們可以直接引用。

新增自訂腳本 compile_mrb.py 到專案中，加入以下內容，以讓 PlatformIO 在執行時自動呼叫 mrbc 命令，並且將檔案輸出到我們指定的位置。

```
try:
    import configparser
```

```
except ImportError:
    import ConfigParser as configparser

Import("env")

config = configparser.ConfigParser()
config.read("platformio.ini")

try:
    script = config.get(f"env:{env['PIOENV']}", "ruby_path")
except configparser.NoOptionError:
    script = config.get(f"env", "ruby_path")

env.Execute(f"mrbc -B bin -o include/mrb.h {script}")
```

在這段腳本中，我們利用ConfigParser來讀取platformio.ini設定檔，然後根據ruby_path的選項來決定要編譯哪個 Ruby 檔案，如此我們還可以額外設定不同的 Ruby 程式來測試，而不用每次都修改檔案才能進行測試。

接下來我們打開 platformio.ini 修改設定，讓我們額外自訂的腳本可以在 PlatformIO 進行編譯時能夠被呼叫，並且執行我們預期的動作。

```
[env]
platform = native
extra_scripts =
  compile_mrb.py
ruby_path = src/main.rb

[env:dev]
platform = native
test_build_project_src = true
build_flags = -D DEBUG

[env:d1]
platform = espressif8266
```

```
board = d1
framework = arduino
build_flags = -D ARDUINO
test_ignore = *
```

在 PlatformIO 的設計中，可以利用 [env] 的方式不指定環境，來讓所有平台環境都繼承設定，如果是共用的設定，就不用額外再重複撰寫設定。

接下來我們加入 src/main.rb 這個檔案作為我們 Ruby 的主程式，並且加入之前測試用的 Ruby 程式碼。

```
i = 0
while i < 100
  point = Point.new(i, 0)
  puts point.to_s
  sleep 10
  i += 1
end
```

這裡將 Point.new(0, i) 替換為 Point(i, 0)，以確認修改後的版本是否能正常被替換，來確保有正確運作。

最後修改 src/main.cpp，移除掉之前手動放置的 mrb 二進位資料，並且改為引用透過 mrbc 命令產生的檔案。

```
#include<app.h>
#include<mrb.h>

static mrb_state* mrb;

// …
```

重新編譯並確認沒有發生問題，也可以修改 src/main.rb。再次確認修改好的 Ruby 程式碼會在每次 PlatformIO 編譯時，正確產生新的檔案更新。

21.
CHAPTER

繪製文字

21.1 安裝函式庫

21.2 加入螢幕類別

21.3 跑馬燈效果

現在我們可以順利在 ESP8266 上執行我們的虛擬機器，接下來我們會搭配 ST7735 這塊 TFT 螢幕，來實現繪製文字的功能。

21.1 安裝函式庫

每一種硬體的都有自己對應的控制方式，得益於 Arduino 的生態系，我們可以透過其他人製作的函式庫（Library）來協助我們直接使用這些硬體，同時 PlatformIO 也提供自動下載及安裝的機制，因此我們先更新 platformio.ini 的設定，讓 TFT 螢幕函式庫可以被我們使用。

```
// …
[env:d1]
platform = espressif8266
board = d1
framework = arduino
lib_deps =
  SPI
  TFT_eSPI
build_flags =
  -DARDUINO=1
  -DUSER_SETUP_LOADED=1
  -DST7735_DRIVER=1
  -DTFT_WIDTH=128
  -DTFT_HEIGHT=160
# PIN configure
  -DTFT_MISO=12
  -DTFT_MOSI=13
  -DTFT_SCLK=25
  -DTFT_CS=15
  -DTFT_DC=5
  -DTFT_RST=-1
```

```
# Load Font
  -DLOAD_GLCD=1
  -DLOAD_FONT2=1
  -DSPI_FREQUENCY=40000000
test_ignore = *
```

在這次的修改中，我們在 lib_deps 設定加入了需要使用的函式庫依賴，這次我們使用的是 TFT_eSPI 這個函式庫，可以讓我們簡單控制 TFT 螢幕。除此之外，我們需要透過 build_flags 設定這個函式庫所使用的參數，來正確對應開發板上的通訊設定。ST7735 支援 SPI（Serial Peripheral Interface，序列周邊介面）來通訊，因此我們需要設定四個腳位（PIN）用於通訊，如果使用的開發板、螢幕不同，可能需要調整為不同的數值。

當我們完成設定後，在下一次的編譯中，PlatformIO 就會自動協助我們安裝函式庫，因此我們只需要專心在功能的實作上即可。

21.2　加入螢幕類別

雖然我們可以直接使用 C/C++ 去呼叫 TFT_eSPI 函式庫，然而我們希望的是在我們自己實作的虛擬機器中執行，因此我們需要透過自訂類別的方式，來讓我們可以利用 Ruby 呼叫這些函式庫的函式。

修改 include/app.h，加入新的定義。

```
// …
mrb_value screen_init(mrb_state* mrb, mrb_value self);
mrb_value screen_clear(mrb_state* mrb, mrb_value self);
mrb_value screen_print(mrb_state* mrb, mrb_value self);
// …
```

　　這次我們的目標是在畫面上繪製文字，根據 TFT_eSPI 的範例，我們需要先進行初始化螢幕的處理，接下來才能進行繪圖的操作，因此定義了 init、clear、print 三個方法，分別用於初始化、清除畫面、繪製文字的功能。

　　接下來更新 src/app.cpp 的實作，加入跟螢幕繪製相關的實作，並在 initialize_app 函式中初始化，讓虛擬機可以呼叫。

```cpp
// …
mrb_value screen_init(mrb_state* mrb, mrb_value self) {
  hal_screen_init();
  return self;
}

mrb_value screen_clear(mrb_state* mrb, mrb_value self) {
  hal_screen_clear();
  return self;
};

mrb_value screen_print(mrb_state* mrb, mrb_value self) {
  mrb_value text = mrb->ci->argv[0];
  mrb_value x = mrb->ci->argv[1];
  mrb_value y = mrb->ci->argv[2];

  hal_screen_print((char *)text.value.p, mrb_fixnum(x), mrb_fixnum(y));
  return self;
};

void initialize_app(mrb_state* mrb) {
  mrb_define_method(mrb->object_class, "sleep", mrb_sleep);

  RClass* point = mrb_define_class(mrb, "Point", mrb->object_class);
  mrb_define_method(point, "initialize", point_initialize);
  mrb_define_method(point, "x", point_get_x);
  mrb_define_method(point, "x=", point_set_x);
```

```
mrb_define_method(point, "to_s", point_to_string);

RClass* screen = mrb_define_class(mrb, "Screen", mrb->object_class);
mrb_define_method(screen, "init", screen_init);
mrb_define_method(screen, "clear", screen_clear);
mrb_define_method(screen, "print", screen_print);
}
```

因為在電腦中是沒有 TFT 螢幕和 SPI 可以使用，因此我們的呼叫會改為針對 HAL 版本的定義呼叫，如此一來，就可以在不同的硬體環境上使用不同的實作。

打開 include/hal.h，繼續針對 HAL 的定義更新，加入螢幕相關的處理函式。

```
// …
void hal_screen_init();
void hal_screen_clear();
void hal_screen_print(const char* text, int x, int y);
// …
```

因為我們的應用相對單純，因此幾乎是和 Ruby 方法對應，之後可以根據使用的情況決定如何封裝這些函式，來讓 Ruby 的特性能夠被有效發揮。

修改 src/hal_native.cpp，加入「不動作」的實作，作為沒有 TFT 螢幕的替代。

```
// …
void hal_screen_init() {
  // NOOP
}

void hal_screen_clear() {
  // NOOP
}

void hal_screen_print(const char* text, int x, int y) {
  printf("[%d, %d] %s\n", x, y, text);
```

```
  }
  // ...
```

雖然我們沒有辦法在螢幕上繪製，但作為替代，可以將繪製的資訊顯示出來，這樣在電腦上至少可以確認我們在繪製的設定是沒有發生問題，實際到硬體測試發生問題時，就可以排出一部分實作上的問題。

接下來修改 src/hal_arduino.cpp，針對 Arduino 的版本，加入實際處理繪製螢幕的實作。

```
#if defined(ARDUINO)

#include<Arduino.h>
#include <TFT_eSPI.h>
#include <SPI.h>

#include "hal.h"

TFT_eSPI tft = TFT_eSPI();

void hal_delay(int millisecond) {
  delay(millisecond);
}

void hal_screen_init() {
  tft.init();
  tft.setTextSize(1);
  tft.setTextColor(TFT_GREEN, TFT_BLACK);
}

void hal_screen_clear() {
  tft.fillScreen(TFT_BLACK);
}
```

```
void hal_screen_print(const char* text, int x, int y) {
  tft.drawString(text, x, y, 1);
}


#endif
```

　　在 mruby 的物件設計中，我們可以將某個資料放到 RObject 中來保存，在我們的實作中因為不支援這樣的機制，因此直接儲存在我們定義的方法可以存取到的位置；另一方面是螢幕本身只有一個，我們要呼叫的 TFT 螢幕物件也應該只存在一份。

21.3　跑馬燈效果

　　當我們定義了對應的實作之後，我們就可以直接使用 Ruby 來繪製文字。修改 src/main.rb，改為繪製文字的版本。

```
Screen.init

while true
  Screen.clear
  Screen.print 'Hello World', 10, 10

  sleep 100
end
```

　　編譯之後，就可以看到螢幕上出現文字，同時因為有呼叫 sleep，即使是無限迴圈，也不用擔心觸發 WDT 機制，而造成 ESP8266 重新啟動，而因為有迴圈的機制，我們也可以修改時實作為下面的版本，做出「跑馬燈」的效果。

```
Screen.init

x = 10
while true
  Screen.clear
  Screen.print 'Hello World', x, 10
  x += 2
  x = 10 if x >= 100

  sleep 100
end
```

到此為止，我們已經實現了一個非常精簡的 mruby 虛擬機器在我們的 ESP8266 晶片上，也能夠正確和硬體互動。

在 mruby 的設計中，雖然是提供給 IoT 類型的應用使用，但主要考量的還是比較偏向單板電腦為主，像是 Raspberry Pi 這類硬體。如果是針對這類微控制器的應用，則有 mruby/c 專案可以參考，然而因為這類晶片類型種類繁多，不可能完全涵蓋所有硬體，因此在特定的情況下，就可能需要像本書一樣實現一個精簡版的 Ruby 虛擬機器，來提供 Ruby 的執行環境。

實現一個虛擬機器本身是很有挑戰性的事情，同時也有不少有趣的地方可以發覺、了解語言的運作設計，希望未來可以看到更多人挑戰這類主題。

股市消息滿天飛，多空訊息如何判讀？

看到利多消息就進場，你接到的是金條還是刀？

消息面是基本面的溫度計

更是籌碼面的照妖鏡

不當擦鞋童，就從了解消息面開始

民眾財經網用AI幫您過濾多空訊息

用聲量看股票

讓量化的消息面數據讓您快速掌握股市風向

掃描QR Code加入「聲量看股票」LINE官方帳號

獲得最新股市消息面數據資訊

民眾新聞網

民眾日報從1950年代開始發行紙本報,隨科技的進步,逐漸轉型為網路媒體。2020年更自行研發「眾聲大數據」人工智慧系統,為廣大投資人提供有別於傳統財經新聞的聲量資訊。為提供讀者更友善的使用流覽體驗,2021年9月全新官網上線,也將導入更多具互動性的資訊內容。

為服務廣大的讀者,新聞同步聯播於YAHOO新聞網、LINE TODAY、PCHOME 新聞網、HINET新聞網、品觀點等平台。

民眾網關注台灣民眾關心的大小事,從民眾的角度出發,報導民眾關心的事。反映國政輿情,聚焦財經熱點,堅持與網路上的鄉民,與馬路上的市民站在一起。

歡迎訪問民眾網:https://www.mypeoplevol.co

讀者回函

讀者回函

感謝您購買本公司出版的書，您的意見對我們非常重要！由於您寶貴的建議，我們才得以不斷地推陳出新，繼續出版更實用、精緻的圖書。因此，請填妥下列資料(也可直接貼上名片)，寄回本公司(免貼郵票)，您將不定期收到最新的圖書資料！

購買書號： 書名：

姓　　名：＿＿＿＿＿＿＿＿＿＿＿＿＿＿＿＿＿＿＿＿＿＿＿＿＿

職　　業：□上班族　　□教師　　□學生　　□工程師　　□其它

學　　歷：□研究所　　□大學　　□專科　　□高中職　　□其它

年　　齡：□10~20　□20~30　□30~40　□40~50　□50~

單　　位：＿＿＿＿＿＿＿＿＿＿＿＿　部門科系：＿＿＿＿＿＿＿＿

職　　稱：＿＿＿＿＿＿＿＿＿＿＿＿　聯絡電話：＿＿＿＿＿＿＿＿

電子郵件：＿＿＿＿＿＿＿＿＿＿＿＿＿＿＿＿＿＿＿＿＿＿＿＿＿

通訊住址：□□□＿＿＿＿＿＿＿＿＿＿＿＿＿＿＿＿＿＿＿＿＿＿＿

您從何處購買此書：

□書局＿＿＿＿　□電腦店＿＿＿＿　□展覽＿＿＿＿　□其他＿＿＿＿

您覺得本書的品質：

內容方面：　□很好　　　　□好　　　　　□尚可　　　　□差

排版方面：　□很好　　　　□好　　　　　□尚可　　　　□差

印刷方面：　□很好　　　　□好　　　　　□尚可　　　　□差

紙張方面：　□很好　　　　□好　　　　　□尚可　　　　□差

您最喜歡本書的地方：＿＿＿＿＿＿＿＿＿＿＿＿＿＿＿＿＿＿＿

您最不喜歡本書的地方：＿＿＿＿＿＿＿＿＿＿＿＿＿＿＿＿＿＿

假如請您對本書評分，您會給(0~100分)：＿＿＿＿＿＿分

您最希望我們出版那些電腦書籍：

請將您對本書的意見告訴我們：

您有寫作的點子嗎？□無　　□有　　專長領域：＿＿＿＿＿＿＿＿

歡迎您加入博碩文化的行列哦！

請沿虛線剪下寄回本公司

Give Us a Piece Of Your Mind

廣 告 回 函
台灣北區郵政管理局登記證
北台字第 4 6 4 7 號
印 刷 品 · 免 貼 郵 票

221

博碩文化股份有限公司　產品部

台灣新北市汐止區新台五路一段 112 號 10 樓 A 棟

博碩文化

博碩文化

博碩文化

博碩文化